2018 版安徽省建设工程计价依据

安徽省安装工程计价定额

（第七册）

通风空调工程

主编部门：安徽省建设工程造价管理总站

批准部门：安 徽 省 住 房 和 城 乡 建 设 厅

施行日期：2 0 1 8 年 1 月 1 日

中国建材工业出版社

图书在版编目（CIP）数据

安徽省安装工程计价定额．第七册，通风空调工程 / 安徽省建设工程造价管理总站编．—北京：中国建材工业出版社，2018.1

（2018 版安徽省建设工程计价依据）

ISBN 978－7－5160－2072－2

Ⅰ.①安…　Ⅱ.①安…　Ⅲ.①建筑安装—工程造价—安徽②通风设备—建筑安装—工程造价—安徽③空气调节设备—建筑安装—工程造价—安徽　Ⅳ.①TU723.34

中国版本图书馆 CIP 数据核字（2017）第 264862 号

安徽省安装工程计价定额（第七册）通风空调工程

安徽省建设工程造价管理总站　编

出版发行：中国建材工业出版社

地　　址：北京市海淀区三里河路 1 号

邮　　编：100044

经　　销：全国各地新华书店

印　　刷：北京雁林吉兆印刷有限公司

开　　本：787mm×1092mm　　1/16

印　　张：13.5

字　　数：320 千字

版　　次：2018 年 1 月第 1 版

印　　次：2018 年 1 月第 1 次

定　　价：80.00 元

本社网址：www.jccbs.com　　微信公众号：zgjcgycbs

本书如出现印装质量问题，由我社市场营销部负责调换。联系电话：(010)88386906

安徽省住房和城乡建设厅发布

建标〔2017〕191号

安徽省住房和城乡建设厅关于发布2018版安徽省建设工程计价依据的通知

各市住房城乡建设委（城乡建设委、城乡规划建设委），广德、宿松县住房城乡建设委（局），省直有关单位：

为适应安徽省建筑市场发展需要，规范建设工程造价计价行为，合理确定工程造价，根据国家有关规范、标准，结合我省实际，我厅组织编制了2018版安徽省建设工程计价依据（以下简称2018版计价依据），现予以发布，并将有关事项通知如下：

一、2018版计价依据包括：《安徽省建设工程工程量清单计价办法》《安徽省建设工程费用定额》《安徽省建设工程施工机械台班费用编制规则》《安徽省建设工程计价定额（共用册）》《安徽省建筑工程计价定额》《安徽省装饰装修工程计价定额》《安徽省安装工程计价定额》《安徽省市政工程计价定额》《安徽省园林绿化工程计价定额》《安徽省仿古建筑工程计价定额》。

二、2018版计价依据自2018年1月1日起施行。凡2018年1月1日前已签订施工合同的工程，其计价依据仍按原合同执行。

三、原省建设厅建定〔2005〕101号、建定〔2005〕102号、建定〔2008〕259号文件发布的计价依据，自2018年1月1日起同时废止。

四、2018版计价依据由安徽省建设工程造价管理总站负责管理与解释。在执行过程中，如有问题和意见，请及时向安徽省建设工程造价管理总站反馈。

安徽省住房和城乡建设厅

2017年9月26日

编制委员会

主　　任　宋直刚

成　　员　王晓魁　王胜波　王成球　杨　博　江　冰　李　萍　史劲松

主　　审　王成球

主　　编　姜　峰

副 主 编　陈昭言

参　　编（排名不分先后）

王宪莉　刘安俊　许道合　秦合川

李海洋　郑圣军　康永军　王金林

袁玉海　陆　戎　何　钢　荣豫宁

管必武　洪云生　赵兰利　苏鸿志

张国栋　石秋霞　王　林　卢　冲

严　艳

参　　审　朱　军　陆厚龙　宫　华　李志群

总 说 明

一、《安徽省安装工程计价定额》以下简称“本安装定额”，是依据国家现行有关工程建设标准、规范及相关定额，并结合近几年我省出现的新工艺、新技术、新材料的应用情况，及安装工程设计与施工特点编制的。

二、本安装定额共分为十一册，包括：

第一册 机械设备安装工程

第二册 热力设备安装工程

第三册 静置设备与工艺金属结构制作安装工程（上、下）

第四册 电气设备安装工程

第五册 建筑智能化工程

第六册 自动化控制仪表安装工程

第七册 通风空调工程

第八册 工业管道工程

第九册 消防工程

第十册 给排水、采暖、燃气工程

第十一册 刷油、防腐蚀、绝热工程

三、本安装定额适用于我省境内工业与民用建筑的新建、扩建、改建工程中的给排水、采暖、燃气、通风空调、消防、电气照明、通信、智能化系统等设备、管线的安装工程和一般机械设备工程。

四、本安装定额的作用

1．是编审设计概算、最高投标限价、施工图预算的依据；

2．是调解处理工程造价纠纷的依据；

3．是工程成本评审，工程造价鉴定的依据；

4．是施工企业编制企业定额、投标报价、拨付工程价款、竣工结算的参考依据。

五、本安装定额是按照正常的施工条件，大多数施工企业采用的施工方法、机械化装备程度、合理的施工工期、施工工艺、劳动组织编制的，反映当前社会平均消耗量水平。

六、本安装定额中人工工日以“综合工日”表示，不分工种、技术等级。内容包括：基本用工、辅助用工、超运距用工及人工幅度差。

七、本安装定额中的材料：

1．本安装定额中的材料包括主要材料、辅助材料和其他材料。

2．本安装定额中的材料消耗量包括净用量和损耗量。损耗量包括：从工地仓库、现场集中堆放地点或现场加工地点至操作或安装地点的现场运输损耗、施工操作损耗、施工现场堆放损耗。凡能计量的材料、成品、半成品均逐一列出消耗量，难以计量的材料以“其他材料费占材料费”百分比形式表示。

3．本安装定额中消耗量用括号“（ ）”表示的为该子目的未计价材料用量，基价中不包括其价格。

八、本安装定额中的机械及仪器仪表：

1．本安装定额的机械台班及仪器仪表消耗量是按正常合理的配备、施工工效测算确定的，已包括幅度差。

2．本安装定额中仅列主要施工机械及仪器仪表消耗量。凡单位价值2000元以内，使用年限在一年以内，不构成固定资产的施工机械及仪器仪表，定额中未列消耗量，企业管理费中考虑其使用费，其燃料动力消耗在材料费中计取。难以计量的机械台班是以“其他机械费占机械费”百分比形式表示。

九、本安装定额关于水平和垂直运输：

1．设备：包括自安装现场指定堆放地点运至安装地点的水平和垂直运输。

2．材料、成品、半成品：包括自施工单位现场仓库或现场指定堆放地点运至安装地点的水平和垂直运输。

3．垂直运输基准面：室内以室内地平面为基准面，室外以安装现场地平面为基准面。

十、本安装定额未考虑施工与生产同时进行、有害身体健康的环境中施工时降效增加费，实际发生时另行计算。

十一、本安装定额中凡注有“××以内”或“××以下”者，均包括“××”本身；凡注有“××以外”或“××以上”者，则不包括“××”本身。

十二、本安装定额授权安徽省建设工程造价总站负责解释和管理。

十三、著作权所有，未经授权，严禁使用本书内容及数据制作各类出版物和软件，违者必究。

册说明

一、第七册《通风空调工程》以下简称“本册定额”，适用于通风空调设备及部件制作安装，通风管道制作安装，通风管道部件制作安装工程。

二、本册定额编制的主要技术依据有：

1.《钢结构设计规范》GB 50017-2003；

2.《采暖通风与空气调节设计规范》GB 50019-2003；

3.《通风与空调工程施工质量验收规范》GB 50243-2002；

4.《通用安装工程工程量计算规范》GB 50856-2013；

5.《通风管道技术规程》JGJ 141-2004；

6.《全国统一安装工程预算定额　通风空调工程》GYD 209-2000；

7.《建设工程劳动定额　安装工程》LD/T 74.1～4-2008；

8.《风机盘管安装》01（03）K403；

9.《风阀选用与安装》07K120；

10.《金属、非金属风管支吊架》08K132；

11.《暖通空调设计选用手册》（1999 年中国建筑标准设计研究所出版）。

三、本册定额不包括下列内容：

1.通风设备、除尘设备为专供通风工程配套的各种风机及除尘设备。其他工业用风机（如热力设备用风机）及除尘设备安装执行第一册《机械设备安装工程》、第二册《热力设备安装工程》相应项目。

2.空调系统中管道配管执行第十册《给排水、采暖、燃气工程》相应项目，制冷机机房、锅炉房管道配管执行第八册《工业管道工程》相应项目。

3.管道及支架的除锈、油漆，管道的防腐蚀、绝热等内容，执行第十二册《刷油、防腐蚀、绝热工程》相应项目。

（1）薄钢板风管刷油按其工程量执行相应项目，仅外（或内）面刷油定额乘以系数 1.20，内外均刷油定额乘以系数 1.10（其法兰加固框、吊托支架已包括在此系数内）。

（2）薄钢板部件刷油按其工程量执行金属结构刷油项目，定额乘以系数 1.15。

（3）未包括在风管工程量内而单独列项的各种支架（不锈钢吊托支架除外）的刷油按其工程量执行相应项目。

（4）薄钢板风管、部件以及单独列项的支架，其除锈不分锈蚀程度，均按其第一遍刷油的工程量，执行第十二册《刷油、防腐蚀、绝热工程》中除轻锈的项目。

4.安装在支架上的木衬垫或非金属垫料，发生时按实计入成品材料价格。

四、下列费用可按系数分别计取：

1.系统调整费：按系统工程人工费 7%计取，其费用中人工费占 35%。包括漏风量测试和漏光法测试费用。

2.脚手架搭拆费按定额人工费的 4%计算，其费用中人工费占 35%。

3.操作高度增加费：本册定额操作物高度是按距离楼地面 6m 考虑的，超过 6m 时，超过部分工程量按定额人工费乘以系数1.2计取。

4.建筑物超高增加费：指高度在6层或20m以上的工业与民用建筑物上进行安装时增加的费用（不包括地下室），按下表计算，其费用中人工费占65%。

建筑物檐高(m)	≤40	≤60	≤80	≤100	≤120	≤140	≤160	≤180	≤200
建筑层数(层)	≤12	≤18	≤24	≤30	≤36	≤42	≤48	≤54	≤60
按人工费的百分比(%)	2	5	9	14	20	26	32	38	44

五、定额中制作和安装的人工、材料、机械比例见下表：

序号	项目名称	制作（%）			安装（%）		
		人工	材料	机械	人工	材料	机械
1	空调部件及设备支架制作安装	86	98	95	14	2	5
2	镀锌薄钢板法兰通风管道制作安装	60	95	95	40	5	5
3	镀锌薄钢板共板法兰通风管道制作安装	40	95	95	60	5	5
4	薄钢板法兰通风管道制作安装	60	95	95	40	5	5
5	净化通风管道及部件制作安装	40	85	95	60	15	5
6	不锈钢板通风管道及部件制作安装	72	95	95	28	5	5
7	铝板通风管道及部件制作安装	68	95	95	32	5	5
8	塑料通风管道及部件制作安装	85	95	95	15	5	5
9	复合型风管制作安装	60	—	99	40	100	1
10	风帽制作安装	75	80	99	25	20	1
11	罩类制作安装	78	98	95	22	2	5

目　录

第一章 通风空调设备及部件制作安装

第二章 通风管道制作安装

第三章　通风管道部件制作安装

第一章 通风空调设备及部件制作安装

说　　明

一、本章内容包括空气加热器（冷却器），除尘设备，空调器，多联体空调机室外机，风机盘管，空气幕，VAV变风量末端装置、分段组装式空调器，钢板密闭门，钢板挡水板，滤水器、溢水盘制作、安装，金属壳体制作、安装，过滤器、框架制作、安装，净化工作台、风淋室，通风机，设备支架制作、安装。

二、通风机安装子目内包括电动机安装，其安装形式包括A、B、C、D等型，适用于碳钢、不锈钢、塑料通风机安装。

三、有关说明：

1.诱导器安装执行风机盘管安装子目。

2.VRV系统的室内机按安装方式执行风机盘管子目，应扣除膨胀螺栓。

3.空气幕的支架制作安装执行设备支架子目。

4.VAV变风量末端装置适用单风道变风量末端和双风道变风量末端装置，风机动力型变风量末端装置人工乘以系数1.1。

5.洁净室安装执行分段组装式空调器安装子目。

6.玻璃钢和PVC挡水板执行钢板挡水板安装子目。

7.低效过滤器包括：M-A型、WL型、LWP型等系列。

8.中效过滤器包括：ZKL型、YB型、M型、ZX-1型等系列。

9.高效过滤器包括：GB型、GS型、JX-20型等系列。

10.净化工作台包括：XHK型、BZK型、SXP型、SZP型、SZX型、SW型、SZ型、SXZ型、TJ型、CJ型等系列。

11.清洗槽、浸油槽、晾干架、LWP滤尘器支架制作安装执行设备支架子目。

12.通风空调设备的电气接线执行第四册《电气设备安装工程》相应项目。

工程量计算规则

一、空气加热器（冷却器）安装按设计图示数量计算，以“台”为计量单位。

二、除尘设备安装按设计图示数量计算，以“台”为计量单位。

三、整体式空调机组、空调器安装（一拖一分体空调以室内机、室外机之和）按设计图示数量计算，以“台”为计量单位。

四、组合式空调机组安装依据设计风量，按设计图示数量计算，以“台”为计量单位。

五、多联体空调机室外机安装依据制冷量，按设计图示数量计算，以“台”为计量单位。

六、风机盘管安装按设计图示数量计算，以“台”为计量单位。

七、空气幕按设计图示数量计算，以“台”为计量单位。

八、VAV变风量末端装置安装按设计图示数量计算，以“台”为计量单位。

九、分段组装式空调器安装按设计图示质量计算，以“kg”为计量单位。

十、钢板密闭门制作安装按设计图示数量计算，以“个”为计量单位。

十一、挡水板制作和安装按设计图示尺寸以空调器断面面积计算，以“m²”为计量单位。

十二、滤水器、溢水盘、电加热器外壳、金属空调器壳体制作安装按设计图示尺寸以质量计算，以“kg”为计量单位。非标准部件制作安装按成品质量计算。

十三、高、中、低效过滤器安装，净化工作台、风淋室安装按设计图示数量计算，以“台”为计量单位。

十四、过滤器框架制作按设计图示尺寸以质量计算，以“kg”为计量单位。

十五、通风机安装依据不同形式、规格按设计图示数量计算，以“台”为计量单位。风机箱安装按设计图示数量计算，以“台”为计量单位。

十六、设备支架制作安装按设计图示尺寸以质量计算，以“kg”为计量单位。

一、空气加热器(冷却器)

工作内容：开箱检查设备、附件、吊装、找平、加垫、螺栓固定。　　计量单位：台

定额编号				A7-1-1	A7-1-2	A7-1-3
项目名称				空气加热器(冷却器)		
				安装≤100kg	安装≤200kg	安装≤400kg
基价（元）				119.02	165.13	212.07
其中	人工费（元）			65.52	75.74	89.18
	材料费（元）			43.42	54.38	80.22
	机械费（元）			10.08	35.01	42.67
名称		单位	单价(元)	消耗量		
人工	综合工日	工日	140.00	0.468	0.541	0.637
材料	扁钢	kg	3.40	0.870	0.960	1.130
	低碳钢焊条	kg	6.84	0.100	0.100	0.100
	角钢 60	kg	3.61	5.240	6.950	9.610
	六角螺栓带螺母 M8×75	10套	4.27	3.700	4.200	6.200
	热轧薄钢板 δ1.0～1.5	kg	3.93	0.270	0.480	0.600
	石棉橡胶板	kg	9.40	0.380	0.530	1.210
	其他材料费占材料费	%	—	1.000	1.000	1.000
机械	电动单筒慢速卷扬机 10kN	台班	203.56	—	0.013	0.013
	交流弧焊机 21kV·A	台班	57.35	0.170	0.210	0.340
	汽车式起重机 8t	台班	763.67	—	0.021	0.021
	台式钻床 16mm	台班	4.07	0.080	0.100	0.150
	载重汽车 5t	台班	430.70	—	0.009	0.009

二、除尘设备

工作内容：开箱检查设备、附件、底座螺栓、吊装、找平、找正、加垫、灌浆、螺栓固定。

计量单位：台

定额编号				A7-1-4	A7-1-5	A7-1-6	A7-1-7
项目名称				除尘设备安装			
				≤100kg	≤500kg	≤1000kg	≤3000kg
基价（元）				**189.42**	**399.31**	**993.59**	**2049.81**
其中	人工费（元）			177.38	347.20	932.12	1908.76
	材料费（元）			6.30	6.30	6.30	6.30
	机械费（元）			5.74	45.81	55.17	134.75
名称		单位	单价(元)	消耗量			
人工	综合工日	工日	140.00	1.267	2.480	6.658	13.634
材料	低碳钢焊条	kg	6.84	0.500	0.500	0.500	0.500
	现浇混凝土 C15	m³	281.42	0.010	0.010	0.010	0.010
	其他材料费占材料费	%	—	1.000	1.000	1.000	1.000
机械	电动单筒快速卷扬机 10kN	台班	201.58	—	0.100	0.100	—
	电动单筒慢速卷扬机 30kN	台班	210.22	—	—	—	0.300
	交流弧焊机 21kV·A	台班	57.35	0.100	0.100	0.100	0.100
	汽车式起重机 8t	台班	763.67	—	0.021	0.031	0.070
	载重汽车 5t	台班	430.70	—	0.009	0.013	0.029

三、空调器

1. 吊顶式、落地式空调器

工作内容：开箱检查设备、附件、底座螺栓、吊装、找平、找正、加垫、灌浆、螺栓固定。

计量单位：台

定额编号				A7-1-8	A7-1-9	A7-1-10
项目名称				吊顶式空调器		
				安装质量(t)		
				≤0.15	≤0.2	≤0.4
基价（元）				118.13	125.69	134.09
其中	人工费（元）			92.54	100.10	108.50
	材料费（元）			3.03	3.03	3.03
	机械费（元）			22.56	22.56	22.56
名称		单位	单价(元)	消耗量		
人工	综合工日	工日	140.00	0.661	0.715	0.775
材料	棉纱头	kg	6.00	0.500	0.500	0.500
	其他材料费占材料费	%	—	1.000	1.000	1.000
机械	电动单筒慢速卷扬机 10kN	台班	203.56	0.013	0.013	0.013
	汽车式起重机 8t	台班	763.67	0.021	0.021	0.021
	载重汽车 5t	台班	430.70	0.009	0.009	0.009

工作内容：开箱检查设备、附件、底座螺栓、吊装、找平、找正、加垫、灌浆、螺栓固定。

计量单位：台

定额编号				A7-1-11	A7-1-12	A7-1-13
项目名称				落地式空调器		
				安装质量(t)		
				≤1.0	≤1.5	≤2.0
基价（元）				**821.21**	**1049.40**	**1335.26**
其中	人工费（元）			784.84	997.08	1275.54
	材料费（元）			3.03	3.03	3.03
	机械费（元）			33.34	49.29	56.69
名称		单位	单价(元)	消耗量		
人工	综合工日	工日	140.00	5.606	7.122	9.111
材料	棉纱头	kg	6.00	0.500	0.500	0.500
	其他材料费占材料费	%	—	1.000	1.000	1.000
机械	电动单筒慢速卷扬机 10kN	台班	203.56	0.020	—	—
	电动单筒慢速卷扬机 30kN	台班	210.22	—	0.060	0.060
	汽车式起重机 8t	台班	763.67	0.031	0.039	0.047
	载重汽车 5t	台班	430.70	0.013	0.016	0.019

2. 墙上式空调器

工作内容：开箱检查设备、附件、安装膨胀螺栓、吊装、找平、找正、加垫、螺栓固定。 计量单位：台

定额编号				A7-1-14	A7-1-15	A7-1-16
项目名称				墙上式空调器		
				安装质量(t)		
				≤0.1	≤0.15	≤0.2
基价（元）				101.03	128.21	134.93
其中	人工费（元）			98.00	102.62	109.34
	材料费（元）			3.03	3.03	3.03
	机械费（元）			—	22.56	22.56
名称		单位	单价(元)	消耗量		
人工	综合工日	工日	140.00	0.700	0.733	0.781
材料	棉纱头	kg	6.00	0.500	0.500	0.500
	其他材料费占材料费	%	—	1.000	1.000	1.000
机械	电动单筒慢速卷扬机 10kN	台班	203.56	—	0.013	0.013
	汽车式起重机 8t	台班	763.67	—	0.021	0.021
	载重汽车 5t	台班	430.70	—	0.009	0.009

3. 组合式空调机组

工作内容：开箱、检查设备及附件、就位、连接、上螺栓、找正、找平、固定、外表污物清理。

计量单位：台

定额编号				A7-1-17	A7-1-18	A7-1-19	A7-1-20
项目名称				风量(m³/h)			
				≤4000	≤10000	≤20000	≤30000
基价（元）				384.83	607.62	1094.86	2021.03
其中	人工费（元）			243.60	443.94	760.06	1637.86
	材料费（元）			2.85	5.54	9.92	16.22
	机械费（元）			138.38	158.14	324.88	366.95
名称		单位	单价(元)	消耗量			
人工	综合工日	工日	140.00	1.740	3.171	5.429	11.699
材料	煤油	kg	3.73	0.420	0.810	1.460	2.390
	棉纱头	kg	6.00	0.210	0.410	0.730	1.190
	其他材料费占材料费	%	—	1.000	1.000	1.000	1.000
机械	电动单筒快速卷扬机 10kN	台班	201.58	0.098	0.196	0.196	0.183
	电动单筒慢速卷扬机 30kN	台班	210.22	—	—	—	0.060
	汽车式起重机 8t	台班	763.67	0.073	0.073	0.209	0.251
	载重汽车 5t	台班	430.70	0.146	0.146	0.292	0.292

工作内容：开箱、检查设备及附件、就位、连接、上螺栓、找正、找平、固定、外表污物清理。

计量单位：台

定额编号				A7-1-21	A7-1-22	A7-1-23	A7-1-24
项目名称				风量(m³/h)			
				≤40000	≤60000	≤80000	≤100000
基价（元）				**2751.55**	**4501.41**	**6109.02**	**7629.05**
其中	人工费（元）			2312.38	3910.34	5475.26	6944.00
	材料费（元）			21.75	32.86	57.23	70.19
	机械费（元）			417.42	558.21	576.53	614.86
名称		单位	单价(元)	消耗量			
人工	综合工日	工日	140.00	16.517	27.931	39.109	49.600
材料	煤油	kg	3.73	3.200	4.830	8.420	10.330
	棉纱头	kg	6.00	1.600	2.420	4.210	5.160
	其他材料费占材料费	%	—	1.000	1.000	1.000	1.000
机械	电动单筒快速卷扬机 10kN	台班	201.58	0.170	0.170	0.170	0.157
	电动单筒慢速卷扬机 30kN	台班	210.22	0.120	0.300	0.300	0.060
	电动单筒慢速卷扬机 50kN	台班	215.57	—	—	—	0.300
	汽车式起重机 8t	台班	763.67	0.304	0.392	0.416	0.451
	载重汽车 5t	台班	430.70	0.292	0.375	0.375	0.375

四、多联体空调机室外机

工作内容：开箱、检查、就位、找正、找平、固定、试运转。　　　　计量单位：台

定额编号				A7-1-25	A7-1-26	A7-1-27
项目名称				制冷量(kW)		
				≤30	≤50	≤90
基价（元）				270.00	430.51	632.78
其中	人工费（元）			224.00	380.52	570.64
	材料费（元）			23.47	27.46	39.61
	机械费（元）			22.53	22.53	22.53
名称		单位	单价(元)	消耗量		
人工	综合工日	工日	140.00	1.600	2.718	4.076
材料	镀锌弹簧垫圈 M16	个	0.09	10.400	12.480	18.720
	镀锌垫圈 M16	个	0.17	20.800	24.960	37.440
	镀锌六角螺栓带螺母 M16×85～100	套	1.50	10.200	12.240	18.360
	煤油	kg	3.73	0.125	0.125	0.169
	棉纱头	kg	6.00	0.500	0.500	0.500
	其他材料费占材料费	%	—	1.000	1.000	1.000
机械	电动单筒快速卷扬机 10kN	台班	201.58	0.013	0.013	0.013
	汽车式起重机 8t	台班	763.67	0.021	0.021	0.021
	载重汽车 5t	台班	430.70	0.009	0.009	0.009

工作内容：开箱、检查、就位、找正、找平、固定、试运转。　　　　计量单位：台

定额编号				A7-1-28	A7-1-29
项目名称				制冷量(kW)	
				≤140	≤200
基价（元）				951.56	1161.77
其中	人工费（元）			856.24	1045.24
	材料费（元）			53.43	67.24
	机械费（元）			41.89	49.29
名称		单位	单价(元)	消耗量	
人工	综合工日	工日	140.00	6.116	7.466
材料	镀锌弹簧垫圈 M16	个	0.09	24.960	31.200
	镀锌垫圈 M16	个	0.17	49.920	62.400
	镀锌六角螺栓带螺母 M16×85～100	套	1.50	24.480	30.600
	煤油	kg	3.73	0.253	0.337
	棉纱头	kg	6.00	0.750	1.000
	其他材料费占材料费	%	—	1.000	1.000
机械	电动单筒慢速卷扬机 30kN	台班	210.22	0.060	0.060
	汽车式起重机 8t	台班	763.67	0.031	0.039
	载重汽车 5t	台班	430.70	0.013	0.016

五、风机盘管

工作内容：开箱检查设备、附件、试压、底座螺栓、打膨胀螺栓、制作安装吊架、胀塞、上螺栓、吊装、找平、找正、加垫、螺栓固定。

计量单位：台

定额编号				A7-1-30	A7-1-31	A7-1-32	A7-1-33
项目名称				风机盘管安装			
				落地式	吊顶式	壁挂式	卡式嵌入式
基价（元）				**68.78**	**169.38**	**86.70**	**173.56**
其中	人工费（元）			41.30	111.30	60.20	122.64
	材料费（元）			14.92	39.74	13.94	38.36
	机械费（元）			12.56	18.34	12.56	12.56
名称		单位	单价(元)	消耗量			
人工	综合工日	工日	140.00	0.295	0.795	0.430	0.876
材料	冲击钻头 φ20	个	17.95	0.010	0.010	0.010	0.010
	镀锌弹簧垫圈 M10	个	0.04	—	4.240	—	4.240
	镀锌垫圈 M10	个	0.26	—	8.480	—	8.480
	镀锌六角螺母 M10	10个	0.60	—	1.272	—	1.272
	角钢 50×5以内	kg	3.61	—	2.918	—	2.918
	角钢 63以内	kg	3.61	—	0.592	—	—
	聚氯乙烯薄膜	kg	15.52	0.010	0.010	0.010	0.010
	聚酯乙烯泡沫塑料	kg	26.50	0.100	0.100	0.100	0.100
	煤油	kg	3.73	2.800	2.800	2.800	2.800
	棉纱头	kg	6.00	0.050	0.050	—	0.050
	尼龙砂轮片 φ500×25×4	片	12.82	—	0.008	—	—
	膨胀螺栓 M10	10套	2.50	0.416	0.416	—	0.416
	塑料胀塞	个	0.09	—	—	4.160	—
	圆钢 φ10～14	kg	3.40	—	2.550	—	2.805
	其他材料费占材料费	%	—	1.000	1.000	1.000	1.000
机械	电动单筒快速卷扬机 5kN	台班	188.62	0.040	0.040	0.040	0.040
	交流弧焊机 21kV·A	台班	57.35	—	0.100	—	—
	台式钻床 16mm	台班	4.07	—	0.010	—	—
	载重汽车 8t	台班	501.85	0.010	0.010	0.010	0.010

六、空气幕

工作内容：开箱检查设备、吊装、找平、找正、固定。 计量单位：台

定额编号				A7-1-34	A7-1-35	A7-1-36
项目名称				质量(kg)		
				≤150	≤200	≤250
基价（元）				205.02	230.54	243.06
其中	人工费（元）			153.30	165.90	171.92
	材料费（元）			20.19	22.18	24.24
	机械费（元）			31.53	42.46	46.90
名称		单位	单价(元)	消耗量		
人工	综合工日	工日	140.00	1.095	1.185	1.228
材料	电	kW·h	0.68	1.000	2.000	3.000
	镀锌六角螺栓带螺母 2弹垫 M12×14～75	套	0.56	10.300	10.300	10.300
	镀锌铁丝 φ4.0～2.8	kg	3.57	0.935	1.190	1.445
	煤油	kg	3.73	0.638	0.680	0.723
	棉纱头	kg	6.00	1.063	1.063	1.063
	热轧薄钢板 δ0.7～0.9	kg	3.93	0.306	0.340	0.374
	水	m³	7.96	0.031	0.042	0.062
	其他材料费占材料费	%	—	1.000	1.000	1.000
机械	电动单筒快速卷扬机 10kN	台班	201.58	0.100	0.130	0.144
	汽车式起重机 8t	台班	763.67	0.007	0.010	0.011
	载重汽车 5t	台班	430.70	0.014	0.020	0.022

七、VAV变风量末端装置、分段组装式空调器

工作内容：开箱检查设备、附件、底座螺栓、吊装、找平、找正、加垫、螺栓固定。 计量单位：台

定额编号				A7-1-37
项目名称				VAV变风量 末端装置
基价（元）				131.41
其中	人工费（元）			74.48
	材料费（元）			56.93
	机械费（元）			—
名称		单位	单价(元)	消耗量
人工	综合工日	工日	140.00	0.532
材料	槽钢	kg	3.20	14.840
	弹簧垫圈 M2～10	10个	0.38	0.848
	垫圈 M2～8	10个	0.09	0.848
	六角螺母 M6～10	10个	0.77	0.848
	棉纱头	kg	6.00	0.050
	膨胀螺栓 M10	10套	2.50	0.416
	橡胶板	kg	2.91	0.290
	圆钢(综合)	kg	3.40	1.660
	其他材料费占材料费	%	—	1.000

工作内容：开箱检查设备、附件、底座螺栓、吊装、找平、找正、加垫、螺栓固定。　计量单位：100kg

定额编号				A7-1-38
项目名称				分段组装式空调器
				安装
基价（元）				126.70
其中	人工费（元）			126.70
	材料费（元）			—
	机械费（元）			—
名称		单位	单价（元）	消耗量
人工	综合工日	工日	140.00	0.905

八、钢板密闭门

工作内容：找平、上螺栓、固定。 计量单位：个

定额编号				A7-1-39	A7-1-40
项目名称				钢板密闭门	
				带视孔800×500	不带视孔1200×500
基价（元）				52.28	57.18
其中	人工费（元）			48.30	53.20
	材料费（元）			3.98	3.98
	机械费（元）			—	—
名称		单位	单价(元)	消耗量	
人工	综合工日	工日	140.00	0.345	0.380
材料	合页 75以内	个	0.72	2.000	2.000
	膨胀螺栓 M10	10套	2.50	1.000	1.000
	其他材料费占材料费	%	—	1.000	1.000

工作内容：找平、上螺栓、固定。　　　　计量单位：个

定额编号				A7-1-41	A7-1-42
项目名称				保温钢板密闭门	
				750×450	920×570
基价（元）				53.96	57.60
其中	人工费（元）			49.98	53.62
	材料费（元）			3.98	3.98
	机械费（元）			—	—
名称		单位	单价(元)	消耗量	
人工	综合工日	工日	140.00	0.357	0.383
材料	合页 75以内	个	0.72	2.000	2.000
	膨胀螺栓 M10	10套	2.50	1.000	1.000
	其他材料费占材料费	%	—	1.000	1.000

九、钢板挡水板

工作内容：找平、找正、上螺栓、固定。　　　　计量单位：m²

定额编号				A7-1-43	A7-1-44
项目名称				钢板挡水板	
				片距30mm	片距50mm
基价（元）				83.57	63.12
其中	人工费（元）			55.72	46.48
	材料费（元）			27.85	16.64
	机械费（元）			—	—
名称		单位	单价（元）	消耗量	
人工	综合工日	工日	140.00	0.398	0.332
材料	六角螺栓 M6×25	10个	0.85	1.300	0.800
	六角螺栓带螺母 M8×75	10套	4.27	6.200	3.700
	其他材料费占材料费	%	—	1.000	1.000

十、滤水器、溢水盘制作、安装

工作内容：制作：放样、下料、配制零件、钻孔、焊接上网、组合成型；安装：找平、找正、焊接管道、固定。

计量单位：100kg

定额编号				A7-1-45	A7-1-46
项目名称				滤水器	溢水盘
基价（元）				2378.53	1713.34
其中	人工费（元）			1471.40	1229.76
	材料费（元）			770.90	465.97
	机械费（元）			136.23	17.61
名称		单位	单价(元)	消耗量	
人工	综合工日	工日	140.00	10.510	8.784
材料	扁钢	kg	3.40	17.000	6.600
	槽钢	kg	3.20	7.600	—
	低碳钢焊条	kg	6.84	4.700	1.900
	垫圈 M2～8	10个	0.09	—	1.750
	焊接钢管 DN150	kg	3.38	6.000	—
	角钢 60	kg	3.61	3.700	—
	六角螺栓带螺母 M16×61～80	10套	17.09	5.100	—
	六角螺栓带螺母 M8×75	10套	4.27	5.100	1.750
	热轧薄钢板 δ2.0～2.5	kg	3.93	—	41.700
	热轧薄钢板 δ3.5～4.0	kg	3.93	24.900	—
	热轧厚钢板 δ8.0～20	kg	3.20	36.100	—
	铜丝布 16目	m²	71.25	3.000	—
	无缝钢管 φ203～245×7.1～12	kg	4.44	—	57.300
	氧气	m³	3.63	2.920	—
	乙炔气	kg	10.45	1.043	—
	圆钢 φ5.5～9	kg	3.40	17.000	—
	其他材料费占材料费	%	—	1.000	1.000
机械	交流弧焊机 21kV·A	台班	57.35	0.100	0.300
	普通车床 400×1000mm	台班	210.71	0.600	—
	台式钻床 16mm	台班	4.07	1.000	0.100

十一、金属壳体制作、安装

工作内容：制作：放样、下料、调直、钻孔、制作箱体、水槽、焊接、组合、试装；安装：就位、找平、找正、连接、固定、表面清理。

计量单位：100kg

定额编号				A7-1-47	A7-1-48
项目名称				电加热器	金属空调器
				外壳	壳体
基价（元）				2238.26	992.85
其中	人工费（元）			1397.48	456.54
	材料费（元）			771.11	463.52
	机械费（元）			69.67	72.79
	名称	单位	单价(元)	消耗量	
人工	综合工日	工日	140.00	9.982	3.261
材料	扁钢	kg	3.40	6.300	—
	槽钢	kg	3.20	—	0.730
	低碳钢焊条	kg	6.84	2.100	1.850
	钢板 δ4.5～7	kg	3.18	—	0.460
	角钢 60	kg	3.61	52.600	27.850
	六角螺栓带螺母 M10×75	10套	5.13	68.250	3.200
	耐酸橡胶板 δ3	kg	17.99	—	0.810
	热轧薄钢板 δ1.0～1.5	kg	3.93	46.800	—
	热轧薄钢板 δ2.0～2.5	kg	3.93	—	56.850
	热轧薄钢板 δ3.5～4.0	kg	3.93	—	21.470
	铁铆钉	kg	4.70	0.800	—
	氧气	m³	3.63	—	0.430
	乙炔气	kg	10.45	—	0.152
	其他材料费占材料费	%	—	1.000	1.000
机械	交流弧焊机 21kV·A	台班	57.35	0.200	1.260
	台式钻床 16mm	台班	4.07	14.300	0.130

十二、过滤器、框架制作、安装

工作内容：开箱、检查、配合钻孔、加垫、口缝涂密封胶、安装。　　计量单位：台

定额编号				A7-1-49	A7-1-50
项目名称				高效过滤器	中、低效过滤器
				安装	
基价（元）				42.70	15.26
其中	人工费（元）			32.62	5.18
	材料费（元）			10.08	10.08
	机械费（元）			—	—
	名称	单位	单价(元)	消耗量	
人工	综合工日	工日	140.00	0.233	0.037
材料	密封胶	kg	19.66	0.460	0.460
	石棉橡胶板	kg	9.40	0.100	0.100
	其他材料费占材料费	%	—	1.000	1.000

工作内容：开箱、检查、配合钻孔、加垫、口缝涂密封胶、安装。　　　　计量单位：100kg

定额编号				A7-1-51
项目名称				过滤器框架
基价（元）				1287.68
其中	人工费（元）			365.68
	材料费（元）			903.98
	机械费（元）			18.02
名称		单位	单价(元)	消耗量
人工	综合工日	工日	140.00	2.612
材料	白布	m²	5.64	0.200
	白绸	m²	17.09	0.200
	闭孔乳胶海棉 δ5	kg	25.97	7.100
	槽钢	kg	3.20	73.800
	打包铁卡子	10个	0.85	0.600
	低碳钢焊条	kg	6.84	1.900
	镀锌六角螺栓 M8×250	个	1.71	5.600
	镀锌铆钉 M4	kg	4.70	35.100
	角钢 60	kg	3.61	17.000
	角钢 63	kg	3.61	14.000
	聚氯乙烯薄膜	kg	15.52	0.400
	六角螺栓带螺母 M8×75	10套	4.27	2.390
	铝蝶形螺母 M12以内	10个	27.78	0.560
	密封胶	kg	19.66	2.600
	塑料打包带	kg	19.66	0.100
	洗涤剂	kg	10.93	7.770
	其他材料费占材料费	%	—	1.000
机械	交流弧焊机 21kV·A	台班	57.35	0.300
	台式钻床 16mm	台班	4.07	0.200

十三、净化工作台、风淋室

工作内容：开箱、检查、就位、找平、找正。　　计量单位：台

定额编号				A7-1-52	A7-1-53	A7-1-54	A7-1-55
项目名称				风淋室安装质量(t)			
				≤0.5	≤1.0	≤2.0	≤3.0
基价（元）				**654.72**	**918.88**	**1473.28**	**1647.05**
其中	人工费（元）			540.68	795.48	1276.10	1428.00
	材料费（元）			94.13	94.13	153.10	153.10
	机械费（元）			19.91	29.27	44.08	65.95
名称		单位	单价(元)	消耗量			
人工	综合工日	工日	140.00	3.862	5.682	9.115	10.200
材料	白布	m²	5.64	1.000	1.000	1.500	1.500
	白绸	m²	17.09	1.000	1.000	1.500	1.500
	煤油	kg	3.73	19.143	19.143	31.905	31.905
机械	汽车式起重机 8t	台班	763.67	0.021	0.031	0.047	0.070
	载重汽车 5t	台班	430.70	0.009	0.013	0.019	0.029

工作内容：开箱、检查、就位、找平、找正。 计量单位：台

定额编号					A7-1-56
项目名称					净化工作台安装
基价（元）					180.49
其中	人工费（元）				96.74
	材料费（元）				28.95
	机械费（元）				54.80
	名称		单位	单价(元)	消耗量
人工	综合工日		工日	140.00	0.691
材料	白布		m²	5.64	1.000
	白绸		m²	17.09	1.000
	煤油		kg	3.73	1.667
机械	汽车式起重机 8t		台班	763.67	0.021
	载重汽车 5t		台班	430.70	0.090

十四、通风机

1. 离心式通风机

工作内容：开箱检查设备、附件、底座螺栓、吊装、找平、找正、加垫、灌浆、螺栓固定。

计量单位：台

定额编号				A7-1-57	A7-1-58	A7-1-59
项目名称				风机安装风量(m^3/h)		
				≤4500	≤7000	≤19300
基价（元）				58.44	201.40	434.78
其中	人工费（元）			43.82	175.14	381.92
	材料费（元）			14.62	26.26	30.30
	机械费（元）			—	—	22.56
名称		单位	单价(元)	消耗量		
人工	综合工日	工日	140.00	0.313	1.251	2.728
材料	黄干油钙基酯	kg	6.84	—	0.400	0.400
	煤油	kg	3.73	—	0.750	0.750
	棉纱头	kg	6.00	—	0.060	0.080
	现浇混凝土 C15	m^3	281.42	0.010	0.030	0.030
	铸铁垫板	kg	2.99	3.900	3.900	5.200
	其他材料费占材料费	%	—	1.000	1.000	1.000
机械	电动单筒慢速卷扬机 10kN	台班	203.56	—	—	0.013
	汽车式起重机 8t	台班	763.67	—	—	0.021
	载重汽车 5t	台班	430.70	—	—	0.009

工作内容：开箱检查设备、附件、底座螺栓、吊装、找平、找正、加垫、灌浆、螺栓固定。

计量单位：台

定额编号				A7-1-60	A7-1-61	A7-1-62
项目名称				风机安装风量(m^3/h)		
				≤62000	≤123000	>123000
基价（元）				**901.77**	**1551.53**	**2148.02**
其中	人工费（元）			795.62	1398.04	1963.22
	材料费（元）			83.59	120.15	134.82
	机械费（元）			22.56	33.34	49.98
名称		**单位**	**单价(元)**	**消耗量**		
人工	综合工日	工日	140.00	5.683	9.986	14.023
材料	黄干油钙基酯	kg	6.84	0.500	0.700	1.000
	煤油	kg	3.73	1.500	2.000	3.000
	棉纱头	kg	6.00	0.120	0.150	0.200
	现浇混凝土 C15	m^3	281.42	0.030	0.070	0.100
	铸铁垫板	kg	2.99	21.600	28.800	28.800
	其他材料费占材料费	%	—	1.000	1.000	1.000
机械	电动单筒慢速卷扬机 10kN	台班	203.56	0.013	0.020	0.029
	汽车式起重机 8t	台班	763.67	0.021	0.031	0.047
	载重汽车 5t	台班	430.70	0.009	0.013	0.019

2. 轴流式、斜流式、混流式通风机

工作内容：开箱检查设备、附件、底座螺栓、吊装、找平、找正、加垫、灌浆、螺栓固定。

计量单位：台

定额编号				A7-1-63	A7-1-64	A7-1-65
项目名称				轴流式、斜流式、混流式		
				通风机安装风量(m^3/h)		
				≤8900	≤25000	≤63000
基价（元）				80.54	128.72	377.59
其中	人工费（元）			77.70	103.32	346.50
	材料费（元）			2.84	2.84	8.53
	机械费（元）			—	22.56	22.56
名称		单位	单价(元)	消耗量		
人工	综合工日	工日	140.00	0.555	0.738	2.475
材料	现浇混凝土 C15	m³	281.42	0.010	0.010	0.030
	其他材料费占材料费	%	—	1.000	1.000	1.000
机械	电动单筒慢速卷扬机 10kN	台班	203.56	—	0.013	0.013
	汽车式起重机 8t	台班	763.67	—	0.021	0.021
	载重汽车 5t	台班	430.70	—	0.009	0.009

工作内容：开箱检查设备、附件、底座螺栓、吊装、找平、找正、加垫、灌浆、螺栓固定。

计量单位：台

定额编号				A7-1-66	A7-1-67
项目名称				轴流式、斜流式、混流式	
				通风机安装风量(m^3/h)	
				≤140000	＞140000
基价（元）				**824.92**	**1266.58**
其中	人工费（元）			771.68	1188.18
	材料费（元）			19.90	28.42
	机械费（元）			33.34	49.98
	名称	**单位**	**单价(元)**	**消耗量**	
人工	综合工日	工日	140.00	5.512	8.487
材料	现浇混凝土 C15	m^3	281.42	0.070	0.100
	其他材料费占材料费	%	—	1.000	1.000
机械	电动单筒慢速卷扬机 10kN	台班	203.56	0.020	0.029
	汽车式起重机 8t	台班	763.67	0.031	0.047
	载重汽车 5t	台班	430.70	0.013	0.019

3. 屋顶式通风机

工作内容：开箱检查设备、附件、底座螺栓、吊装、找平、找正、加垫、灌浆、螺栓固定、装梯子。

计量单位：台

定额编号				A7-1-68	A7-1-69	A7-1-70
项目名称				屋顶式通风机安装		
				风量(m³/h)		
				≤2760	≤9100	>9100
基价（元）				**70.19**	**84.09**	**114.12**
其中	人工费（元）			52.92	63.98	71.26
	材料费（元）			14.62	17.46	20.30
	机械费（元）			2.65	2.65	22.56
名称		单位	单价(元)	消耗量		
人工	综合工日	工日	140.00	0.378	0.457	0.509
材料	现浇混凝土 C15	m³	281.42	0.010	0.020	0.030
	铸铁垫板	kg	2.99	3.900	3.900	3.900
	其他材料费占材料费	%	—	1.000	1.000	1.000
机械	电动单筒慢速卷扬机 10kN	台班	203.56	0.013	0.013	0.013
	汽车式起重机 8t	台班	763.67	—	—	0.021
	载重汽车 5t	台班	430.70	—	—	0.009

4. 卫生间通风器

工作内容：开箱检查、找平、找正、安装固定。　　　　计量单位：台

定额编号				A7-1-71
项目名称				卫生间通风器安装
基价（元）				8.12
其中	人工费（元）			8.12
	材料费（元）			—
	机械费（元）			—
名称		单位	单价(元)	消耗量
人工	综合工日	工日	140.00	0.058

5. 风机箱落地安装

工作内容：开箱、检查就位、安装、找正、找平、清理。　　计量单位：台

定额编号				A7-1-72	A7-1-73	A7-1-74	A7-1-75
项目名称				风机箱落地安装			
				风量(m³/h)			
				≤5000	≤10000	≤20000	≤30000
基价（元）				149.43	190.09	318.25	496.36
其中	人工费（元）			148.26	168.14	294.56	461.58
	材料费（元）			1.17	2.04	3.78	5.51
	机械费（元）			—	19.91	19.91	29.27
名称		单位	单价(元)	消耗量			
人工	综合工日	工日	140.00	1.059	1.201	2.104	3.297
材料	煤油	kg	3.73	0.150	0.300	0.520	0.740
	棉纱头	kg	6.00	0.100	0.150	0.300	0.450
	其他材料费占材料费	%	—	1.000	1.000	1.000	1.000
机械	汽车式起重机 8t	台班	763.67	—	0.021	0.021	0.031
	载重汽车 5t	台班	430.70	—	0.009	0.009	0.013

6. 风机箱减震台座上安装

工作内容：测位、校正、校平、安装、上螺栓、固定。　　　　计量单位：台

定额编号				A7-1-76	A7-1-77	A7-1-78
项目名称				风机箱减震台座上安装		
				风量(m³/h)		
				≤2000	≤10000	≤15000
基价（元）				**88.65**	**248.15**	**372.05**
其中	人工费（元）			84.84	231.14	348.74
	材料费（元）			3.81	17.01	23.31
	机械费（元）			—	—	—
名称		**单位**	**单价(元)**	**消耗量**		
人工	综合工日	工日	140.00	0.606	1.651	2.491
材料	六角螺栓带螺母 M10×60	10套	4.53	—	0.408	0.408
	六角螺栓带螺母 M10×80～130	10套	4.53	0.832	—	—
	六角螺栓带螺母 M12×55	套	0.67	—	4.160	4.160
	六角螺栓带螺母 M20×60	10套	15.30	—	—	0.408
	六角螺栓带螺母 M24×120	10套	29.91	—	0.408	0.408
	其他材料费占材料费	%	—	1.000	1.000	1.000

工作内容：测位、校正、校平、安装、上螺栓、固定。　　　　计量单位：台

定额编号				A7-1-79	A7-1-80	A7-1-81
项目名称				风机箱减震台座上安装		
				风量(m³/h)		
				≤25000	≤35000	>35000
基价（元）				557.92	745.02	972.71
其中	人工费（元）			457.10	647.22	867.16
	材料费（元）			100.82	97.80	105.55
	机械费（元）			—	—	—
名称		单位	单价(元)	消耗量		
人工	综合工日	工日	140.00	3.265	4.623	6.194
材料	六角螺栓带螺母 M10×60	10套	4.53	0.408	—	—
	六角螺栓带螺母 M10×80～130	10套	4.53	—	0.208	0.208
	六角螺栓带螺母 M16×80	套	17.09	4.080	—	—
	六角螺栓带螺母 M24×120	10套	29.91	0.408	—	—
	六角螺栓带螺母 M24×80	10套	19.66	0.816	0.408	—
	六角螺栓带螺母 M30×120	10套	71.79	—	1.224	1.224
	六角螺栓带螺母 M30×60	10套	38.46	—	—	0.408
	其他材料费占材料费	%	—	1.000	1.000	1.000

7. 风机箱悬吊安装

工作内容：测位、校正、校平、安装、上螺栓、固定。　　　　计量单位：台

定额编号				A7-1-82	A7-1-83	A7-1-84	A7-1-85
项目名称				风机箱悬吊安装			
				风量(m³/h)			
				≤5000	≤10000	≤20000	≤30000
基价（元）				**198.15**	**254.07**	**428.71**	**656.94**
其中	人工费（元）			196.98	232.12	405.02	622.16
	材料费（元）			1.17	2.04	3.78	5.51
	机械费（元）			—	19.91	19.91	29.27
名称		单位	单价(元)	消耗量			
人工	综合工日	工日	140.00	1.407	1.658	2.893	4.444
材料	煤油	kg	3.73	0.150	0.300	0.520	0.740
	棉纱头	kg	6.00	0.100	0.150	0.300	0.450
	其他材料费占材料费	%	—	1.000	1.000	1.000	1.000
机械	汽车式起重机 8t	台班	763.67	—	0.021	0.021	0.031
	载重汽车 5t	台班	430.70	—	0.009	0.009	0.013

十五、设备支架制作、安装

工作内容：制作：放样、下料、调直、钻孔、焊接、成型；安装：测位、上螺栓、固定、打洞、埋支架。

计量单位：100kg

定额编号				A7-1-86	A7-1-87
项目名称				设备支架≤50kg	设备支架>50kg
基价（元）				805.92	582.48
其中	人工费（元）			373.80	195.58
	材料费（元）			407.87	373.10
	机械费（元）			24.25	13.80
名称		单位	单价(元)	消耗量	
人工	综合工日	工日	140.00	2.670	1.397
材料	扁钢	kg	3.40	—	0.120
	槽钢	kg	3.20	—	79.090
	低碳钢焊条	kg	6.84	1.610	0.570
	角钢 60	kg	3.61	55.270	7.230
	角钢 63	kg	3.61	48.730	17.550
	六角螺栓带螺母 M10×75	10套	5.13	1.741	—
	六角螺栓带螺母 M14×75	10套	70.00	—	0.208
	六角螺栓带螺母 M20×100～150	10套	41.50	—	0.104
	氧气	m³	3.63	1.150	0.500
	乙炔气	kg	10.45	0.409	0.178
	其他材料费占材料费	%	—	1.000	1.000
机械	交流弧焊机 21kV·A	台班	57.35	0.420	0.240
	台式钻床 16mm	台班	4.07	0.040	0.010

第二章　通风管道制作安装

说　　明

一、本章内容包括镀锌薄钢板法兰风管制作、安装，镀锌薄钢板共板法兰风管制作、安装，薄钢板法兰风管制作、安装，镀锌薄钢板矩形净化风管制作、安装，不锈钢板风管制作、安装，铝板风管制作、安装，塑料通风管制作安装，玻璃钢风管安装，复合型风管制作、安装，柔性软风管安装，弯头导流叶片及其他。

二、下列费用可按系数分别计取：

1. 薄钢板风管整个通风系统设计采用渐缩管均匀送风者，圆形风管按平均直径、矩形风管按平均周长参照相应规格子目，其人工乘以系数 2.5。

2. 如制作空气幕送风管时，按矩形风管平均周长执行相应风管规格子目，其人工乘以系数 3，其余不变。

三、有关说明：

1. 镀锌薄钢板风管子目中的板材是按镀锌薄钢板编制的，如设计要求不用镀锌薄钢板时，板材可以换算，其他不变。

2. 风管导流叶片不分单叶片和香蕉形双叶片，均执行同一子目。

3. 薄钢板通风管道、净化通风管道、玻璃钢通风管道、复合型风管制作安装子目中，包括弯头、三通、变径管、天圆地方等管件及法兰、加固框和吊托支架的制作安装，但不包括过跨风管落地支架，落地支架制作安装执行本册第一章“设备支架制作、安装”子目。

4. 薄钢板风管、净化风管、不锈钢板风管、铝板风管、塑料风管子目中的板材，如设计要求厚度不同时可以换算，人工、机械消耗量不变。

5. 净化圆形风管制作安装执行本章矩形风管制作安装子目。

6. 净化风管涂密封胶按全部口缝外表面涂抹考虑。如设计要求口缝不涂抹而只在法兰处涂抹时，每 10 ㎡风管应减去密封胶 1.5kg 和一般技工 0.37 工日。

7. 净化风管及部件制作安装子目中，型钢未包括镀锌费，如设计要求镀锌时，应另加镀锌费。

8. 净化通风管道子目按空气洁净度 100000 级编制。

9. 不锈钢板风管咬口连接制作安装执行本章镀锌薄钢板风管法兰连接子目。

10. 不锈钢板风管、铝板风管制作安装子目中包括管件，但不包括法兰和吊托支架；法兰和吊托支架应单独列项计算，执行相应子目。

11. 塑料风管、复合型风管制作安装子目规格所表示的直径为内径，周长为内周长。

12. 塑料风管制作安装子目中包括管件、法兰、加固框，但不包括吊托支架制作安装，吊托支架执行本册第一章“设备支架制作、安装”子目。

13.塑料风管制作安装子目中的法兰垫料如与设计要求使用品种不同时可以换算，但人工消耗量不变。

14.塑料通风管道胎具材料摊销费的计算方法：塑料风管管件制作的胎具摊销材料费，未包括在内，按以下规定另行计算。

（1）风管工程量在 30 ㎡以上的，每 10 ㎡风管的胎具摊销木材为 0.06m³，按材料价格计算胎具材料摊销费。

（2）风管工程量在 30 ㎡以下的，每 10 ㎡风管的胎具摊销木材为 0.09m³，按材料价格计算胎具材料摊销费。

15.玻璃钢风管及管件以图示工程量加损耗计算，按外加工订作考虑。

16.软管接头如使用人造革而不使用帆布时可以换算。

17.子目中的法兰垫料按橡胶板编制，如与设计要求使用的材料品种不同时可以换算，但人工消耗量不变。使用泡沫塑料者每 1kg 橡胶板换算为泡沫塑料 0.125kg；使用闭孔乳胶海绵者每 1kg 橡胶板换算为闭孔乳胶海绵 0.5kg。

18.柔性软风管适用于由金属、涂塑化纤织物、聚酯、聚乙烯、聚氯乙烯薄膜、铝箔等材料制成的软风管。

工程量计算规则

一、薄钢板风管、净化风管、不锈钢风管、铝板风管、塑料风管、玻璃钢风管、复合型风管按设计图示规格以展开面积计算，以“m^2”为计量单位。不扣除检查孔、测定孔、送风口、吸风口等所占面积。风管展开面积不计算风管、管口重叠部分面积。

二、薄钢板风管、净化风管、不锈钢风管、铝板风管、塑料风管、玻璃钢风管、复合型风管长度计算时均以设计图示中心线长度（主管与支管以其中心线交点划分），包括弯头、变径管、天圆地方等管件的长度，不包括部件所占长度。

三、柔性软风管安装按设计图示中心线长度计算，以“m”为计量单位；柔性软风管阀门安装按设计图示数量计算，以“个”为计量单位。

四、弯头导流叶片制作安装按设计图示叶片的面积计算，以“m^2”为计量单位。

五、软管（帆布）接口制作安装按设计图示尺寸，以展开面积计算，以“m^2”为计量单位。

六、风管检查孔制作安装按设计图示尺寸质量计算，以“kg”为计量单位。

七、温度、风量测定孔制作安装依据其型号，按设计图示数量计算，以“个”为计量单位。

一、镀锌薄钢板法兰风管制作、安装

1. 圆形风管（δ=1.2mm以内咬口）

工作内容：制作：放样、下料、卷圆、轧口、咬口、制作直管、管件、法兰、吊托支架、钻孔、铆焊、上法兰、组对；安装：找标高、打支架墙洞、配合预留孔洞、埋设吊托支架、组装、风管就位、找平、找正、制垫、加垫、上螺栓、紧固。

计量单位：10m²

定额编号				A7-2-1	A7-2-2	A7-2-3
项目名称				镀锌薄钢板圆形风管（δ=1.2mm以内咬口）直径(mm)		
				≤320	≤450	≤1000
基价（元）				**867.18**	**770.62**	**614.04**
其中	人工费（元）			714.70	587.16	439.60
	材料费（元）			104.02	152.91	159.78
	机械费（元）			48.46	30.55	14.66
名称		单位	单价(元)	消耗量		
人工	综合工日	工日	140.00	5.105	4.194	3.140
材料	镀锌薄钢板 δ0.5	m²	—	(11.380)	—	—
	镀锌薄钢板 δ0.6	m²	—	—	(11.380)	—
	镀锌薄钢板 δ0.75	m²	—	—	—	(11.380)
	扁钢	kg	3.40	20.640	3.560	2.150
	低碳钢焊条	kg	6.84	0.420	0.340	0.150
	电	kW·h	0.68	0.423	0.640	0.667
	角钢 60	kg	3.61	0.890	31.600	32.710
	角钢 63	kg	3.61	—	—	2.330
	六角螺栓带螺母 M6×30～50	10套	1.20	8.500	7.167	—
	六角螺栓带螺母 M8×30～50	10套	1.97	—	—	5.150
	尼龙砂轮片 φ400	片	8.55	0.015	0.023	0.024
	膨胀螺栓 M12	套	0.73	2.000	2.000	1.500
	铁铆钉	kg	4.70	—	0.270	0.210
	橡胶板	kg	2.91	1.400	1.240	0.970
	氧气	m³	3.63	0.084	0.117	0.135
	乙炔气	kg	10.45	0.030	0.042	0.048
	圆钢 φ10～14	kg	3.40	—	—	1.210
	圆钢 φ5.5～9	kg	3.40	2.930	1.900	0.750
	其他材料费占材料费	%	—	1.000	1.000	1.000
机械	法兰卷圆机 L40×4	台班	33.27	0.500	0.320	0.170
	剪板机 6.3×2000mm	台班	243.71	0.040	0.020	0.010
	交流弧焊机 21kV·A	台班	57.35	0.160	0.130	0.040
	卷板机 2×1600mm	台班	236.04	0.040	0.020	0.010
	台式钻床 16mm	台班	4.07	0.690	0.580	0.430
	咬口机 1.5mm	台班	16.25	0.040	0.030	0.010

工作内容：制作：放样、下料、卷圆、轧口、咬口、制作直管、管件、法兰、吊托支架、钻孔、铆焊、上法兰、组对；安装：找标高、打支架墙洞、配合预留孔洞、埋设吊托支架、组装、风管就位、找平、找正、制垫、加垫、上螺栓、紧固。

计量单位：10m²

定额编号				A7-2-4	A7-2-5
项目名称				镀锌薄钢板圆形风管	
				（δ=1.2mm以内咬口）	
				直径(mm)	
				≤1250	≤2000
基价（元）				**650.12**	**764.64**
其中	人工费（元）			468.72	556.50
	材料费（元）			168.11	198.94
	机械费（元）			13.29	9.20
名称		单位	单价(元)	消耗量	
人工	综合工日	工日	140.00	3.348	3.975
材料	镀锌薄钢板 δ1.0	m²	—	(11.380)	—
	镀锌薄钢板 δ1.2	m²	—	—	(11.380)
	扁钢	kg	3.40	3.930	9.270
	低碳钢焊条	kg	6.84	0.135	0.090
	电	kW·h	0.68	0.888	0.729
	角钢 60	kg	3.61	33.015	33.930
	角钢 63	kg	3.61	2.545	3.190
	六角螺栓带螺母 M8×30～50	10套	1.97	4.838	3.900
	尼龙砂轮片 φ400	片	8.55	0.032	0.026
	膨胀螺栓 M12	套	0.73	1.375	1.000
	铁铆钉	kg	4.70	0.193	0.140
	橡胶板	kg	2.91	0.958	0.920
	氧气	m³	3.63	0.146	0.177
	乙炔气	kg	10.45	0.052	0.063
	圆钢 φ10～14	kg	3.40	2.133	4.900
	圆钢 φ5.5～9	kg	3.40	0.593	0.120
	其他材料费占材料费	%	—	—	1.000
机械	法兰卷圆机 L40×4	台班	33.27	0.140	0.050
	剪板机 6.3×2000mm	台班	243.71	0.010	0.010
	交流弧焊机 21kV·A	台班	57.35	0.035	0.020
	卷板机 2×1600mm	台班	236.04	0.010	0.010
	台式钻床 16mm	台班	4.07	0.410	0.350
	咬口机 1.5mm	台班	16.25	0.010	0.010

2.矩形风管(δ=1.2mm以内咬口)

工作内容：制作：放样、下料、折方、轧口、咬口、制作直管、管件、吊托支架、钻孔、焊接、组对；安装：找标高、打支架墙洞、配合预留孔洞、埋设吊托支架、组装、风管就位、找平、找正、加密封胶条、上角码、弹簧夹、螺栓、紧固。

计量单位：10m²

定额编号				A7-2-6	A7-2-7	A7-2-8
项目名称				镀锌薄钢板矩形风管		
				(δ=1.2mm以内咬口)		
				长边长(mm)		
				≤320	≤450	≤1000
基价(元)				**786.07**	**591.13**	**514.40**
其中	人工费(元)			536.06	390.18	293.30
	材料费(元)			206.15	174.28	205.16
	机械费(元)			43.86	26.67	15.94
名称		**单位**	**单价(元)**	**消耗量**		
人工	综合工日	工日	140.00	3.829	2.787	2.095
材料	镀锌薄钢板 δ0.5	m²	—	(11.380)	—	—
	镀锌薄钢板 δ0.6	m²	—	—	(11.380)	—
	镀锌薄钢板 δ0.75	m²	—	—	—	(11.380)
	扁钢	kg	3.40	2.150	1.330	1.120
	槽钢	kg	3.20	—	—	15.287
	低碳钢焊条	kg	6.84	2.240	1.060	0.490
	电	kW·h	0.68	0.759	0.673	0.653
	角钢 50×5以内	kg	3.61	40.420	35.660	35.040
	角钢 63	kg	3.61	—	—	0.160
	六角螺栓带螺母 M6×30～50	10套	1.20	16.900	—	—
	六角螺栓带螺母 M8×30～50	10套	1.97	—	9.050	4.300
	尼龙砂轮片 φ400	片	8.55	0.027	0.024	0.023
	膨胀螺栓 M12	套	0.73	2.000	1.500	1.500
	铁铆钉	kg	4.70	0.430	0.240	0.220
	橡胶板	kg	2.91	1.840	1.300	0.920
	氧气	m³	3.63	0.150	0.135	0.135
	乙炔气	kg	10.45	0.054	0.048	0.048
	圆钢 φ5.5～9	kg	3.40	1.350	1.930	1.490
	其他材料费占材料费	%	—	1.000	1.000	1.000
机械	剪板机 6.3×2000mm	台班	243.71	0.040	0.040	0.030
	交流弧焊机 21kV·A	台班	57.35	0.480	0.220	0.100
	台式钻床 16mm	台班	4.07	1.150	0.590	0.360
	咬口机 1.5mm	台班	16.25	0.040	0.040	0.030
	折方机 4×2000mm	台班	31.39	0.040	0.040	0.030

工作内容：制作：放样、下料、折方、轧口、咬口、制作直管、管件、吊托支架、钻孔、焊接、组对；安装：找标高、打支架墙洞、配合预留孔洞、埋设吊托支架、组装、风管就位、找平、找正、加密封胶条、上角码、弹簧夹、螺栓、紧固。

计量单位：10m²

定额编号				A7-2-9	A7-2-10	A7-2-11
项目名称				镀锌薄钢板矩形风管		
				（δ=1.2mm以内咬口）		
				长边长(mm)		
				≤1250	≤2000	≤4000
基价（元）				**538.63**	**625.07**	**654.71**
其中	人工费（元）			309.12	356.16	373.94
	材料费（元）			214.77	257.81	269.67
	机械费（元）			14.74	11.10	11.10
	名称	单位	单价(元)	消耗量		
人工	综合工日	工日	140.00	2.208	2.544	2.671
材料	镀锌薄钢板 δ1.0	m²	—	(11.380)	—	—
	镀锌薄钢板 δ1.2	m²	—	—	(11.380)	(11.380)
	扁钢	kg	3.40	1.095	1.020	1.020
	槽钢	kg	3.20	16.650	20.739	21.776
	低碳钢焊条	kg	6.84	0.453	0.340	0.357
	电	kW·h	0.68	0.835	0.691	0.691
	角钢 50×5以内	kg	3.61	37.565	45.140	47.397
	角钢 63	kg	3.61	0.185	0.260	0.273
	六角螺栓带螺母 M8×30～50	10套	1.97	4.063	3.350	3.350
	尼龙砂轮片 φ400	片	8.55	0.030	0.025	0.025
	膨胀螺栓 M12	套	0.73	1.375	1.000	1.000
	铁铆钉	kg	4.70	0.220	0.220	0.231
	橡胶板	kg	2.91	0.893	0.810	0.810
	氧气	m³	3.63	0.143	0.168	0.176
	乙炔气	kg	10.45	0.051	0.060	0.063
	圆钢 φ10～14	kg	3.40	—	1.850	1.850
	圆钢 φ5.5～9	kg	3.40	1.138	0.080	0.080
	其他材料费占材料费	%	—	—	1.000	1.000
机械	剪板机 6.3×2000mm	台班	243.71	0.028	0.020	0.020
	交流弧焊机 21kV·A	台班	57.35	0.090	0.070	0.070
	台式钻床 16mm	台班	4.07	0.348	0.310	0.310
	咬口机 1.5mm	台班	16.25	0.028	0.020	0.020
	折方机 4×2000mm	台班	31.39	0.028	0.020	0.020

二、镀锌薄钢板共板法兰风管制作、安装

工作内容：制作：放样、下料、折方、轧口、咬口、制作直管、管件、吊托支架、钻孔、焊接、组对；安装：找标高、打支架墙洞、配合预留孔洞、埋设吊托支架、组装、风管就位、找平、找正、加密封胶条、上角码、弹簧夹、螺栓、紧固。 计量单位：10m²

定额编号				A7-2-12	A7-2-13	A7-2-14
项目名称				镀锌薄钢板共板法兰矩形风管		
				(δ=1.2mm以内咬口)		
				长边长(mm)		
				≤320	≤450	≤1000
基价（元）				**696.03**	**549.97**	**415.37**
其中	人工费（元）			375.20	273.28	205.24
	材料费（元）			211.59	171.81	158.80
	机械费（元）			109.24	104.88	51.33
名称		**单位**	**单价(元)**	**消耗量**		
人工	综合工日	工日	140.00	2.680	1.952	1.466
材料	镀锌薄钢板 δ0.5	m²	—	(11.800)	—	—
	镀锌薄钢板 δ0.6	m²	—	—	(11.800)	—
	镀锌薄钢板 δ0.75	m²	—	—	—	(11.800)
	扁钢	kg	3.40	2.150	1.330	1.120
	槽钢	kg	3.20	—	—	15.287
	弹簧夹	个	1.75	21.131	21.674	38.276
	低碳钢焊条	kg	6.84	1.456	0.647	0.230
	电	kW·h	0.68	0.018	0.015	0.011
	镀锌风管角码 δ0.8	个	0.17	43.530	21.465	12.636
	角钢 60	kg	3.61	25.420	20.660	—
	六角螺栓带螺母 M6×30～50	10套	1.20	5.479	—	—
	六角螺栓带螺母 M8×30～50	10套	1.97	—	2.648	1.488
	密封胶	kg	19.66	0.480	0.349	0.307
	尼龙砂轮片 φ400	片	8.55	0.500	0.413	0.309
	膨胀螺栓 M12	套	0.73	2.000	1.500	1.500
	橡胶密封条	m	1.50	19.340	14.079	10.363
	氧气	m³	3.63	0.099	0.083	0.064
	乙炔气	kg	10.45	0.035	0.029	0.023
	圆钢 φ5.5～9	kg	3.40	1.350	1.930	1.490
	其他材料费占材料费	%	—	1.000	1.000	1.000
机械	等离子切割机 400A	台班	219.59	0.336	0.361	0.180
	交流弧焊机 21kV·A	台班	57.35	0.312	0.134	0.047
	台式钻床 16mm	台班	4.07	0.382	0.179	0.132
	咬口机 1.5mm	台班	16.25	0.336	0.361	0.180
	折方机 4×2000mm	台班	31.39	0.336	0.361	0.180

工作内容：制作：放样、下料、折方、轧口、咬口、制作直管、管件、吊托支架、钻孔、焊接、组对；安装：找标高、打支架墙洞、配合预留孔洞、埋设吊托支架、组装、风管就位、找平、找正、加密封胶条、上角码、弹簧夹、螺栓、紧固。 计量单位：10m²

定额编号				A7-2-15	A7-2-16
项目名称				镀锌薄钢板共板法兰矩形风管 （δ=1.2mm以内咬口） 长边长(mm)	
				≤1250	≤2000
基价（元）				410.50	428.96
其中	人工费（元）			216.30	249.34
	材料费（元）			144.39	134.18
	机械费（元）			49.81	45.44
名称		单位	单价(元)	消耗量	
人工	综合工日	工日	140.00	1.545	1.781
材料	镀锌薄钢板 δ1.0	m²	—	(11.800)	—
	镀锌薄钢板 δ1.2	m²	—	—	(11.800)
	扁钢	kg	3.40	1.095	1.020
	槽钢	kg	3.20	16.650	20.739
	弹簧夹	个	1.75	28.707	—
	低碳钢焊条	kg	6.84	0.215	0.167
	电	kW·h	0.68	0.015	0.012
	顶丝卡	个	0.26	—	98.760
	镀锌风管角码 δ0.8	个	0.17	12.051	—
	镀锌风管角码 δ1.0	个	0.21	—	10.296
	六角螺栓带螺母 M8×30～50	10套	1.97	1.159	1.173
	密封胶	kg	19.66	0.307	0.307
	尼龙砂轮片 φ400	片	8.55	0.409	0.326
	膨胀螺栓 M12	套	0.73	1.375	1.000
	橡胶密封条	m	1.50	10.004	10.004
	氧气	m³	3.63	0.068	0.082
	乙炔气	kg	10.45	0.024	0.029
	圆钢 φ10～14	kg	3.40	—	1.850
	圆钢 φ5.5～9	kg	3.40	1.138	0.080
	其他材料费占材料费	%	—	1.000	1.000
机械	等离子切割机 400A	台班	219.59	0.175	0.161
	交流弧焊机 21kV·A	台班	57.35	0.044	0.034
	台式钻床 16mm	台班	4.07	0.128	0.114
	咬口机 1.5mm	台班	16.25	0.175	0.161
	折方机 4×2000mm	台班	31.39	0.175	0.161

三、薄钢板法兰风管制作、安装

1.圆形风管

工作内容：制作：放样、下料、轧口、卷圆、咬口、翻边、铆铆钉、点焊、焊接成型、制作直管、管件、法兰、吊托支架、钻孔、铆焊、上法兰、组对；安装：找标高、打支架墙洞、配合预留孔洞、埋设吊托支架、组装、风管就位、找平、找正、制垫、加垫、上螺旋、紧固。

计量单位：10m²

定额编号				A7-2-17	A7-2-18	A7-2-19	A7-2-20
项目名称				薄钢板圆形风管			
				（δ=2mm以内焊接）			
				直径(mm)			
				≤320	≤450	≤1000	≤2000
基价（元）				2169.15	1352.61	1044.37	1066.54
其中	人工费（元）			1731.38	980.28	721.00	707.84
	材料费（元）			162.72	207.49	204.73	243.64
	机械费（元）			275.05	164.84	118.64	115.06
名称		单位	单价(元)	消耗量			
人工	综合工日	工日	140.00	12.367	7.002	5.150	5.056
材料	热轧薄钢板 δ2.0	m²	—	(10.800)	(10.800)	(10.800)	(10.800)
	扁钢	kg	3.40	20.640	3.750	2.580	9.270
	低碳钢焊条	kg	6.84	6.770	5.200	4.600	4.450
	电	kW·h	0.68	0.015	0.023	0.025	0.032
	角钢 60	kg	3.61	0.890	31.600	32.710	33.930
	角钢 63	kg	3.61	—	—	2.330	3.190
	六角螺栓带螺母 M6×30～50	10套	1.20	8.500	—	—	—
	六角螺栓带螺母 M8×30～50	10套	1.97	—	7.167	5.150	3.900
	尼龙砂轮片 φ400	片	8.55	0.423	0.644	0.684	0.888
	膨胀螺栓 M12	套	0.73	2.000	2.000	1.500	1.000
	碳钢气焊条	kg	9.06	1.000	0.900	0.780	0.790
	橡胶板	kg	2.91	1.400	1.240	0.970	0.920
	氧气	m³	3.63	0.411	0.642	0.315	0.318
	乙炔气	kg	10.45	0.147	0.133	0.112	0.113
	圆钢 φ10～14	kg	3.40	—	—	1.210	4.900
	圆钢 φ5.5～9	kg	3.40	2.930	1.900	0.750	0.120
	其他材料费占材料费	%	—	1.000	1.000	1.000	1.000
机械	法兰卷圆机 L40×4	台班	33.27	0.500	0.320	0.170	0.140
	剪板机 6.3×2000mm	台班	243.71	0.060	0.040	0.020	0.020
	交流弧焊机 21kV·A	台班	57.35	3.960	2.320	1.780	1.740
	卷板机 2×1600mm	台班	236.04	0.060	0.040	0.020	0.020
	台式钻床 16mm	台班	4.07	0.620	0.480	0.320	0.250

工作内容：制作：放样、下料、轧口、卷圆、咬口、翻边、铆铆钉、点焊、焊接成型、制作直管、管件、法兰、吊托支架、钻孔、铆焊、上法兰、组对；安装：找标高、打支架墙洞、配合预留孔洞、埋设吊托支架、组装、风管就位、找平、找正、制垫、加垫、上螺旋、紧固。

计量单位：10m²

定额编号				A7-2-21	A7-2-22	A7-2-23	A7-2-24
项目名称				薄钢板圆形风管（δ=3mm以内焊接）直径(mm)			
				≤320	≤450	≤1000	≤2000
基价（元）				2777.55	1552.23	1232.47	1256.08
其中	人工费（元）			2170.84	1120.14	845.18	825.44
	材料费（元）			307.30	261.29	262.04	317.67
	机械费（元）			299.41	170.80	125.25	112.97
	名称	单位	单价(元)	消耗量			
人工	综合工日	工日	140.00	15.506	8.001	6.037	5.896
材料	热轧薄钢板 δ3.0	m²	—	(10.800)	(10.800)	(10.800)	(10.800)
	扁钢	kg	3.40	4.050	3.560	2.580	9.270
	低碳钢焊条	kg	6.84	15.700	10.410	8.430	8.260
	电	kW·h	0.68	0.024	0.024	0.034	0.037
	角钢 60	kg	3.61	32.170	33.880	37.270	42.660
	角钢 63	kg	3.61	—	—	2.330	3.190
	六角螺栓带螺母 M6×30～50	10套	1.20	8.500	7.167	—	—
	六角螺栓带螺母 M8×30～50	10套	1.97	—	—	5.150	3.900
	尼龙砂轮片 φ400	片	8.55	0.677	0.680	0.758	1.039
	膨胀螺栓 M12	套	0.73	2.000	2.000	1.500	1.000
	碳钢气焊条	kg	9.06	2.200	1.680	1.480	1.490
	橡胶板	kg	2.91	1.460	1.300	0.970	0.920
	氧气	m³	3.63	2.085	1.593	1.395	1.416
	乙炔气	kg	10.45	0.745	0.569	0.498	0.506
	圆钢 φ10～14	kg	3.40	—	—	0.960	4.900
	圆钢 φ5.5～9	kg	3.40	2.930	1.900	0.750	0.120
	其他材料费占材料费	%	—	1.000	1.000	1.000	1.000
机械	法兰卷圆机 L40×4	台班	33.27	0.500	0.320	0.180	0.140
	剪板机 6.3×2000mm	台班	243.71	0.100	0.060	0.040	0.020
	交流弧焊机 21kV·A	台班	57.35	4.070	2.270	1.730	1.710
	卷板机 2×1600mm	台班	236.04	0.100	0.060	0.040	0.020
	台式钻床 16mm	台班	4.07	0.340	0.290	0.210	0.160

2.矩形风管

工作内容：制作：放样、下料、折方、轧口、咬口、翻边、铆铆钉、点焊、焊接成型、制作直管、管件、法兰、吊托支架、钻孔、铆焊、上法兰、组对；安装：找标高、打支架墙洞、配合预留孔洞、埋设吊托支架、组装、风管就位、找平、找正、制垫、加垫、上螺旋、紧固。

计量单位：10m²

定额编号				A7-2-25	A7-2-26	A7-2-27
项目名称				薄钢板矩形风管		
				(δ=2mm以内焊接)		
				长边长(mm)		
				≤320	≤450	≤1000
基价（元）				1600.25	1068.92	764.34
其中	人工费（元）			1090.04	716.38	505.54
	材料费（元）			276.90	216.55	173.86
	机械费（元）			233.31	135.99	84.94
名称		单位	单价(元)	消耗量		
人工	综合工日	工日	140.00	7.786	5.117	3.611
材料	热轧薄钢板 δ2.0	m²	—	(10.800)	(10.800)	(10.800)
	扁钢	kg	3.40	2.150	1.330	1.120
	低碳钢焊条	kg	6.84	9.540	6.230	4.590
	电	kW·h	0.68	0.027	0.024	0.020
	角钢 60	kg	3.61	40.420	35.660	29.220
	角钢 63	kg	3.61	—	—	0.160
	六角螺栓带螺母 M6×30～50	10套	1.20	16.900	8.150	—
	六角螺栓带螺母 M8×30～50	10套	1.97	—	—	4.300
	尼龙砂轮片 φ400	片	8.55	0.759	0.673	0.553
	膨胀螺栓 M12	套	0.73	2.000	2.000	1.500
	碳钢气焊条	kg	9.06	1.450	0.930	0.730
	橡胶板	kg	2.91	1.840	1.300	0.920
	氧气	m³	3.63	0.591	0.375	0.300
	乙炔气	kg	10.45	0.211	0.134	0.107
	圆钢 φ5.5～9	kg	3.40	1.350	1.930	1.490
	其他材料费占材料费	%	—	1.000	1.000	1.000
机械	剪板机 6.3×2000mm	台班	243.71	0.070	0.060	0.040
	交流弧焊机 21kV·A	台班	57.35	3.660	2.050	1.270
	台式钻床 16mm	台班	4.07	1.020	0.470	0.270
	折方机 4×2000mm	台班	31.39	0.070	0.060	0.040

工作内容：制作：放样、下料、折方、轧口、咬口、翻边、铆铆钉、点焊、焊接成型、制作直管、管件、法兰、吊托支架、钻孔、铆焊、上法兰、组对；安装：找标高、打支架墙洞、配合预留孔洞、埋设吊托支架、组装、风管就位、找平、找正、制垫、加垫、上螺旋、紧固。

计量单位：10m²

定额编号				A7-2-28	A7-2-29
项目名称				薄钢板矩形风管	
				(δ=2mm以内焊接)	
				长边长(mm)	
				≤1250	≤2000
基价（元）				746.23	698.87
其中	人工费（元）			489.72	442.82
	材料费（元）			174.88	184.47
	机械费（元）			81.63	71.58
名称		单位	单价(元)	消耗量	
人工	综合工日	工日	140.00	3.498	3.163
材料	热轧薄钢板 δ2.0	m²	—	(10.800)	(10.800)
	扁钢	kg	3.40	1.095	1.020
	低碳钢焊条	kg	6.84	4.266	3.290
	电	kW·h	0.68	0.021	0.024
	角钢 60	kg	3.61	30.630	34.860
	角钢 63	kg	3.61	0.185	0.260
	六角螺栓带螺母 M8×30～50	10套	1.97	4.063	3.350
	尼龙砂轮片 φ400	片	8.55	0.574	0.667
	膨胀螺栓 M12	套	0.73	1.375	1.000
	碳钢气焊条	kg	9.06	0.658	0.440
	橡胶板	kg	2.91	0.905	0.860
	氧气	m³	3.63	0.271	0.183
	乙炔气	kg	10.45	0.097	0.065
	圆钢 φ10～14	kg	3.40	—	1.850
	圆钢 φ5.5～9	kg	3.40	1.318	0.800
	其他材料费占材料费	%	—	1.000	1.000
机械	剪板机 6.3×2000mm	台班	243.71	0.040	0.040
	交流弧焊机 21kV·A	台班	57.35	1.213	1.040
	台式钻床 16mm	台班	4.07	0.260	0.230
	折方机 4×2000mm	台班	31.39	0.040	0.040

工作内容：制作：放样、下料、折方、轧口、咬口、翻边、铆铆钉、点焊、焊接成型、制作直管、管件、法兰、吊托支架、钻孔、铆焊、上法兰、组对；安装：找标高、打支架墙洞、配合预留孔洞、埋设吊托支架、组装、风管就位、找平、找正、制垫、加垫、上螺旋、紧固。

计量单位：10m²

定额编号				A7-2-30	A7-2-31	A7-2-32
项目名称				薄钢板矩形风管		
				(δ=3mm以内焊接)		
				长边长(mm)		
				≤320	≤450	≤1000
基价（元）				1905.55	1278.65	891.50
其中	人工费（元）			1275.54	832.02	573.30
	材料费（元）			391.25	308.12	233.18
	机械费（元）			238.76	138.51	85.02
名称		单位	单价(元)	消耗量		
人工	综合工日	工日	140.00	9.111	5.943	4.095
材料	热轧薄钢板 δ3.0	m²	—	(10.800)	(10.800)	(10.800)
	扁钢	kg	3.40	2.150	1.330	1.120
	低碳钢焊条	kg	6.84	19.940	12.120	8.320
	电	kW·h	0.68	0.029	0.026	0.023
	角钢 60	kg	3.61	42.860	39.350	34.560
	角钢 63	kg	3.61	—	—	0.160
	六角螺栓带螺母 M6×30～50	10套	1.20	16.900	8.150	—
	六角螺栓带螺母 M8×30～50	10套	1.97	—	—	4.300
	尼龙砂轮片 φ400	片	8.55	0.801	0.736	0.645
	膨胀螺栓 M12	套	0.73	2.000	2.000	1.500
	碳钢气焊条	kg	9.06	3.170	3.790	1.390
	橡胶板	kg	2.91	1.890	1.350	0.920
	氧气	m³	3.63	2.925	1.794	1.275
	乙炔气	kg	10.45	1.045	0.641	0.455
	圆钢 φ5.5～9	kg	3.40	1.350	1.930	1.490
	其他材料费占材料费	%	—	1.000	1.000	1.000
机械	折方机 4×2000mm	台班	33.44	0.010	0.070	0.040
	剪板机 6.3×2000mm	台班	243.71	0.100	0.070	0.040
	交流弧焊机 21kV·A	台班	57.35	3.660	2.040	1.270
	台式钻床 16mm	台班	4.07	1.020	0.520	0.270

工作内容：制作：放样、下料、折方、轧口、咬口、翻边、铆铆钉、点焊、焊接成型、制作直管、管件、法兰、吊托支架、钻孔、铆焊、上法兰、组对；安装：找标高、打支架墙洞、配合预留孔洞、埋设吊托支架、组装、风管就位、找平、找正、制垫、加垫、上螺旋、紧固。

计量单位：10m²

定额编号				A7-2-33	A7-2-34
项目名称				薄钢板矩形风管	
				（δ=3mm以内焊接）	
				长边长(mm)	
				≤1250	≤2000
基价（元）				880.07	851.73
其中	人工费（元）			559.86	519.26
	材料费（元）			238.99	262.97
	机械费（元）			81.22	69.50
名称		单位	单价(元)	消耗量	
人工	综合工日	工日	140.00	3.999	3.709
材料	热轧薄钢板 δ3.0	m²	—	(10.800)	(10.800)
	扁钢	kg	3.40	1.095	1.020
	低碳钢焊条	kg	6.84	7.751	6.040
	电	kW·h	0.68	0.025	0.032
	角钢 60	kg	3.61	38.178	49.030
	角钢 63	kg	3.61	0.185	0.260
	六角螺栓带螺母 M8×30～50	10套	1.97	4.063	3.350
	尼龙砂轮片 φ400	片	8.55	0.701	0.903
	膨胀螺栓 M12	套	0.73	1.375	1.000
	碳钢气焊条	kg	9.06	1.253	0.840
	橡胶板	kg	2.91	0.905	0.860
	氧气	m³	3.63	1.157	0.801
	乙炔气	kg	10.45	0.413	0.286
	圆钢 φ10～14	kg	3.40	—	1.850
	圆钢 φ5.5～9	kg	3.40	1.138	0.080
	其他材料费占材料费	%	—	1.000	1.000
机械	折方机 4×2000mm	台班	33.44	0.040	0.048
	剪板机 6.3×2000mm	台班	243.71	0.038	0.030
	交流弧焊机 21kV·A	台班	57.35	1.213	1.040
	台式钻床 16mm	台班	4.07	0.260	0.230

四、镀锌薄钢板矩形净化风管制作、安装

工作内容：制作：放样、下料、折方、轧口、咬口、制作直管、管件、法兰、吊托支架、钻孔、铆焊、上法兰、组对、口缝外表面涂密封胶、风管内表面清洗、风管两端封口；安装：找标高、找平、找正、配合预留孔洞、打支架墙洞、埋设支吊架、风管就位、组装、制垫、加垫、上螺栓、紧固、风管内表面清洗、管口密封、法兰口涂密封胶。

计量单位：10m²

定额编号				A7-2-35	A7-2-36	A7-2-37
项目名称				镀锌薄钢板矩形净化风管(咬口)		
				长边长(mm)		
				≤320	≤450	≤1000
基价（元）				1296.00	1066.95	936.00
其中	人工费（元）			807.24	623.00	504.28
	材料费（元）			443.15	414.42	414.64
	机械费（元）			45.61	29.53	17.08
名称		单位	单价(元)	消耗量		
人工	综合工日	工日	140.00	5.766	4.450	3.602
材料	镀锌薄钢板 δ0.5	m²	—	(11.490)	—	—
	镀锌薄钢板 δ0.6	m²	—	—	(11.490)	—
	镀锌薄钢板 δ0.75	m²	—	—	—	(11.490)
	401胶	kg	8.76	0.500	0.350	0.240
	白布	m²	5.64	1.000	1.000	1.000
	白绸	m²	17.09	1.000	1.000	1.000
	打包铁卡子	10个	0.85	2.000	1.600	0.800
	低碳钢焊条	kg	6.84	2.240	1.230	0.500
	镀锌铆钉 M4	kg	4.70	0.650	0.350	0.330
	角钢 60	kg	3.61	57.720	57.720	62.820
	聚氯乙烯薄膜	kg	15.52	0.750	0.750	0.750
	六角螺栓带螺母 M8×30～50	10套	1.97	21.100	11.900	5.400
	密封胶	kg	19.66	2.000	2.000	2.000
	塑料打包带	kg	19.66	0.200	0.200	0.200
	洗涤剂	kg	10.93	7.320	7.320	7.320
	橡胶板	kg	2.91	0.680	0.480	0.320
	圆钢 φ10～14	kg	3.40	1.400	1.470	2.000
	其他材料费占材料费	%	—	1.000	1.000	1.000
机械	剪板机 6.3×2000mm	台班	243.71	0.040	0.040	0.030
	交流弧焊机 21kV·A	台班	57.35	0.480	0.250	0.110
	台式钻床 16mm	台班	4.07	1.580	0.870	0.500
	咬口机 1.5mm	台班	16.25	0.040	0.040	0.030
	折方机 4×2000mm	台班	31.39	0.040	0.040	0.030

工作内容：制作：放样、下料、折方、轧口、咬口、制作直管、管件、法兰、吊托支架、钻孔、铆焊、上法兰、组对、口缝外表面涂密封胶、风管内表面清洗、风管两端封口；安装：找标高、找平、找正、配合预留孔洞、打支架墙洞、埋设支吊架、风管就位、组装、制垫、加垫、上螺栓、紧固、风管内表面清洗、管口密封、法兰口涂密封胶。

计量单位：10m²

	定额编号			A7-2-38	A7-2-39
	项目名称			镀锌薄钢板矩形净化风管(咬口)	
				长边长(mm)	
				≤1250	≤2000
	基价（元）			932.50	921.20
其中	人工费（元）			501.06	491.12
	材料费（元）			414.12	412.62
	机械费（元）			17.32	17.46
	名称	单位	单价(元)	消耗量	
人工	综合工日	工日	140.00	3.579	3.508
材料	镀锌薄钢板 δ1.0	m²	—	(11.490)	—
	镀锌薄钢板 δ1.2	m²	—	—	(11.490)
	401胶	kg	8.76	0.235	0.220
	白布	m²	5.64	1.000	1.000
	白绸	m²	17.09	1.000	1.000
	打包铁卡子	10个	0.85	0.750	0.600
	低碳钢焊条	kg	6.84	0.455	0.320
	镀锌铆钉 M4	kg	4.70	0.330	0.330
	角钢 60	kg	3.61	62.820	62.820
	聚氯乙烯薄膜	kg	15.52	0.750	0.750
	六角螺栓带螺母 M8×30～50	10套	1.97	5.125	4.300
	密封胶	kg	19.66	2.000	2.000
	塑料打包带	kg	19.66	0.200	0.200
	洗涤剂	kg	10.93	7.320	7.320
	橡胶板	kg	2.91	0.310	0.300
	圆钢 φ10～14	kg	3.40	2.133	2.530
	其他材料费占材料费	%	—	1.000	1.000
机械	剪板机 6.3×2000mm	台班	243.71	0.033	0.040
	交流弧焊机 21kV·A	台班	57.35	0.100	0.070
	台式钻床 16mm	台班	4.07	0.485	0.440
	咬口机 1.5mm	台班	16.25	0.033	0.040
	折方机 4×2000mm	台班	31.39	0.033	0.040

五、不锈钢板风管制作、安装

1.圆形风管

工作内容：制作：放样、下料、剪切、卷圆、上法兰、点焊、焊接成型、焊缝酸洗、钝化；安装：找标高、起吊、找正、找平、修正墙洞、固定。

计量单位：10m²

定额编号				A7-2-40	A7-2-41	A7-2-42
项目名称				不锈钢板圆形风管(电弧焊)		
				直径×壁厚(mm)		
				≤200×2	≤400×2	≤560×2
基价（元）				**4403.47**	**2782.88**	**2326.04**
其中	人工费（元）			2816.24	1594.60	1361.92
	材料费（元）			384.54	326.28	292.17
	机械费（元）			1202.69	862.00	671.95
名称		**单位**	**单价(元)**	**消耗量**		
人工	综合工日	工日	140.00	20.116	11.390	9.728
材料	不锈钢板 δ2.0	m²	—	(10.800)	(10.800)	(10.800)
	白垩粉	kg	0.35	3.000	3.000	3.000
	不锈钢焊条	kg	38.46	8.230	6.730	6.120
	钢锯条	条	0.34	26.000	26.000	21.000
	煤油	kg	3.73	1.950	1.950	1.950
	棉纱头	kg	6.00	1.300	1.300	1.300
	热轧薄钢板 δ0.5	m²	23.08	0.100	0.100	0.100
	石油沥青油毡 350号	m²	2.70	1.010	1.010	1.110
	铁砂布	张	0.85	26.000	26.000	19.500
	硝酸	kg	2.19	5.530	5.530	4.000
	其他材料费占材料费	%	—	1.000	1.000	1.000
机械	剪板机 6.3×2000mm	台班	243.71	1.490	0.960	0.680
	卷板机 2×1600mm	台班	236.04	1.490	0.960	0.680
	直流弧焊机 20kV·A	台班	71.43	6.830	5.620	4.840

工作内容：制作：放样、下料、剪切、卷圆、上法兰、点焊、焊接成型、焊缝酸洗、钝化；安装：找标高、起吊、找正、找平、修正墙洞、固定。

计量单位：10m²

定额编号				A7-2-43	A7-2-44
项目名称				不锈钢板圆形风管(电弧焊)	
				直径×壁厚(mm)	
				≤700×3	＞700×3
基价（元）				**2280.60**	**1969.47**
其中	人工费（元）			1172.78	1151.50
	材料费（元）			483.95	454.04
	机械费（元）			623.87	363.93
名称		单位	单价(元)	消耗量	
人工	综合工日	工日	140.00	8.377	8.225
材料	不锈钢板 δ3.0	m²	—	(10.800)	(10.800)
	白垩粉	kg	0.35	3.000	3.000
	不锈钢焊条	kg	38.46	11.020	10.250
	钢锯条	条	0.34	21.000	21.000
	煤油	kg	3.73	1.950	1.950
	棉纱头	kg	6.00	1.300	1.300
	热轧薄钢板 δ0.5	m²	23.08	0.150	0.150
	石油沥青油毡 350号	m²	2.70	1.210	1.210
	铁砂布	张	0.85	19.500	19.500
	硝酸	kg	2.19	4.000	4.000
	其他材料费占材料费	%	—	1.000	1.000
机械	剪板机 6.3×2000mm	台班	243.71	0.550	0.300
	卷板机 2×1600mm	台班	236.04	0.550	0.300
	直流弧焊机 20kV·A	台班	71.43	5.040	3.080

工作内容：制作：放样、下料、剪切、卷圆、上法兰、点焊、焊接成型、焊缝酸洗、钝化；安装：找标高、起吊、找正、找平、修正墙洞、固定。

计量单位：10m²

定额编号				A7-2-45	A7-2-46	A7-2-47
项目名称				不锈钢圆形风管(氩弧焊)		
				直径×壁厚(mm)		
				≤200×2	≤400×2	≤560×2
基价（元）				5973.77	3903.00	3280.86
其中	人工费（元）			3486.56	1974.14	1686.02
	材料费（元）			507.74	427.70	372.44
	机械费（元）			1979.47	1501.16	1222.40
名称		单位	单价(元)	消耗量		
人工	综合工日	工日	140.00	24.904	14.101	12.043
材料	不锈钢板 δ2.0	m²	—	(10.800)	(10.800)	(10.800)
	不锈钢焊条	kg	38.46	4.115	3.365	3.060
	钢锯条	条	0.34	26.000	26.000	21.000
	煤油	kg	3.73	1.950	1.950	1.950
	棉纱头	kg	6.00	1.300	1.300	1.300
	热轧薄钢板 δ0.5	m²	23.08	0.100	0.100	0.100
	铁砂布	张	0.85	26.000	26.000	19.500
	钍钨极棒	kg	360.00	0.027	0.022	0.019
	硝酸	kg	2.19	5.530	5.530	4.000
	氩气	m³	19.59	14.002	11.521	9.922
	其他材料费占材料费	%	—	1.000	1.000	1.000
机械	剪板机 6.3×2000mm	台班	243.71	1.490	0.960	0.680
	卷板机 2×1600mm	台班	236.04	1.490	0.960	0.680
	氩弧焊机 500A	台班	92.58	13.660	11.240	9.680

工作内容：制作：放样、下料、剪切、卷圆、上法兰、点焊、焊接成型、焊缝酸洗、钝化；安装：找标高、起吊、找正、找平、修正墙洞、固定。

计量单位：10m²

定额编号				A7-2-48	A7-2-49
项目名称				不锈钢圆形风管(氩弧焊)	
				直径×壁厚(mm)	
				≤700×3	>700×3
基价（元）				**3126.26**	**2519.73**
其中	人工费（元）			1451.94	1425.62
	材料费（元）			477.25	379.89
	机械费（元）			1197.07	714.22
名称		单位	单价(元)	消耗量	
人工	综合工日	工日	140.00	10.371	10.183
材料	不锈钢板 δ3.0	m²	—	(10.800)	(10.800)
	不锈钢焊条	kg	38.46	5.510	5.125
	钢锯条	条	0.34	21.000	21.000
	煤油	kg	3.73	1.950	1.950
	棉纱头	kg	6.00	1.300	1.300
	热轧薄钢板 δ0.5	m²	23.08	0.150	0.150
	铁砂布	张	0.85	19.500	19.500
	钍钨极棒	kg	360.00	0.020	0.012
	硝酸	kg	2.19	4.000	4.000
	氩气	m³	19.59	10.332	6.314
	其他材料费占材料费	%	—	1.000	1.000
机械	剪板机 6.3×2000mm	台班	243.71	0.550	0.300
	卷板机 2×1600mm	台班	236.04	0.550	0.300
	氩弧焊机 500A	台班	92.58	10.080	6.160

2.矩形风管

工作内容：制作：放样、下料、剪切、折方、上法兰、点焊、焊接成型、焊缝酸洗、钝化；安装：找标高、起吊、找正、找平、修正墙洞、固定。

计量单位：10m²

定额编号				A7-2-50	A7-2-51	A7-2-52
项目名称				不锈钢板矩形风管(电弧焊)		
				长边长×壁厚(mm)		
				≤200×2	≤400×2	≤560×2
基价（元）				**4098.55**	**2586.41**	**2186.88**
其中	人工费（元）			2816.24	1594.60	1361.92
	材料费（元）			384.54	326.28	292.17
	机械费（元）			897.77	665.53	532.79
名称		单位	单价(元)	消耗量		
人工	综合工日	工日	140.00	20.116	11.390	9.728
材料	不锈钢板 δ2.0	m²	—	(10.800)	(10.800)	(10.800)
	白垩粉	kg	0.35	3.000	3.000	3.000
	不锈钢焊条	kg	38.46	8.230	6.730	6.120
	钢锯条	条	0.34	26.000	26.000	21.000
	煤油	kg	3.73	1.950	1.950	1.950
	棉纱头	kg	6.00	1.300	1.300	1.300
	热轧薄钢板 δ0.5	m²	23.08	0.100	0.100	0.100
	石油沥青油毡 350号	m²	2.70	1.010	1.010	1.110
	铁砂布	张	0.85	26.000	26.000	19.500
	硝酸	kg	2.19	5.530	5.530	4.000
	其他材料费占材料费	%	—	1.000	1.000	1.000
机械	剪板机 6.3×2000mm	台班	243.71	1.490	0.960	0.680
	折方机 4×2000mm	台班	31.39	1.490	0.960	0.680
	直流弧焊机 20kV·A	台班	71.43	6.830	5.620	4.840

工作内容：制作：放样、下料、剪切、折方、上法兰、点焊、焊接成型、焊缝酸洗、钝化；安装：找标高、起吊、找正、找平、修正墙洞、固定。

计量单位：10m²

定额编号				A7-2-53	A7-2-54
项目名称				不锈钢板矩形风管(电弧焊)	
				长边长×壁厚(mm)	
				≤700×3	>700×3
基价（元）				2168.04	1908.07
其中	人工费（元）			1172.78	1151.50
	材料费（元）			483.95	454.04
	机械费（元）			511.31	302.53
名称		单位	单价(元)	消耗量	
人工	综合工日	工日	140.00	8.377	8.225
材料	不锈钢板 δ3.0	m²	—	(10.800)	(10.800)
	白垩粉	kg	0.35	3.000	3.000
	不锈钢焊条	kg	38.46	11.020	10.250
	钢锯条	条	0.34	21.000	21.000
	煤油	kg	3.73	1.950	1.950
	棉纱头	kg	6.00	1.300	1.300
	热轧薄钢板 δ0.5	m²	23.08	0.150	0.150
	石油沥青油毡 350号	m²	2.70	1.210	1.210
	铁砂布	张	0.85	19.500	19.500
	硝酸	kg	2.19	4.000	4.000
	其他材料费占材料费	%	—	1.000	1.000
机械	剪板机 6.3×2000mm	台班	243.71	0.550	0.300
	折方机 4×2000mm	台班	31.39	0.550	0.300
	直流弧焊机 20kV·A	台班	71.43	5.040	3.080

工作内容：制作：放样、下料、剪切、折方、上法兰、点焊、焊接成型、焊缝酸洗、钝化；安装：找标高、起吊、找正、找平、修正墙洞、固定。

计量单位：10m²

定额编号				A7-2-55	A7-2-56	A7-2-57
项目名称				不锈钢矩形风管(氩弧焊)		
				长边长×壁厚(mm)		
				≤200×2	≤400×2	≤560×2
基价（元）				5668.84	3706.54	3141.70
其中	人工费（元）			3486.56	1974.14	1686.02
	材料费（元）			507.74	427.70	372.44
	机械费（元）			1674.54	1304.70	1083.24
名称		单位	单价(元)	消耗量		
人工	综合工日	工日	140.00	24.904	14.101	12.043
材料	不锈钢板 δ2.0	m²	—	(10.800)	(10.800)	(10.800)
	不锈钢焊条	kg	38.46	4.115	3.365	3.060
	钢锯条	条	0.34	26.000	26.000	21.000
	煤油	kg	3.73	1.950	1.950	1.950
	棉纱头	kg	6.00	1.300	1.300	1.300
	热轧薄钢板 δ0.5	m²	23.08	0.100	0.100	0.100
	铁砂布	张	0.85	26.000	26.000	19.500
	钍钨极棒	kg	360.00	0.027	0.022	0.019
	硝酸	kg	2.19	5.530	5.530	4.000
	氩气	m³	19.59	14.002	11.521	9.922
	其他材料费占材料费	%	—	1.000	1.000	1.000
机械	剪板机 6.3×2000mm	台班	243.71	1.490	0.960	0.680
	氩弧焊机 500A	台班	92.58	13.660	11.240	9.680
	折方机 4×2000mm	台班	31.39	1.490	0.960	0.680

工作内容：制作：放样、下料、剪切、折方、上法兰、点焊、焊接成型、焊缝酸洗、钝化；安装：找标高、起吊、找正、找平、修正墙洞、固定。

计量单位：10㎡

定额编号				A7-2-58	A7-2-59
项目名称				不锈钢矩形风管(氩弧焊)	
				长边长×壁厚(mm)	
				≤700×3	＞700×3
基价（元）				3013.70	2458.33
其中	人工费（元）			1451.94	1425.62
	材料费（元）			477.25	379.89
	机械费（元）			1084.51	652.82
名称		单位	单价(元)	消耗量	
人工	综合工日	工日	140.00	10.371	10.183
材料	不锈钢板 δ3.0	㎡	—	(10.800)	(10.800)
	不锈钢焊条	kg	38.46	5.510	5.125
	钢锯条	条	0.34	21.000	21.000
	煤油	kg	3.73	1.950	1.950
	棉纱头	kg	6.00	1.300	1.300
	热轧薄钢板 δ0.5	㎡	23.08	0.150	0.150
	铁砂布	张	0.85	19.500	19.500
	钍钨极棒	kg	360.00	0.020	0.012
	硝酸	kg	2.19	4.000	4.000
	氩气	m³	19.59	10.332	6.314
	其他材料费占材料费	%	—	1.000	1.000
机械	剪板机 6.3×2000mm	台班	243.71	0.550	0.300
	氩弧焊机 500A	台班	92.58	10.080	6.160
	折方机 4×2000mm	台班	31.39	0.550	0.300

六、铝板风管制作、安装

1. 圆形风管

工作内容：制作：放样、下料、卷圆、折方、制作管件、组对焊接、试漏、清洗焊口；安装：找标高、清理墙洞、风管就位、组对焊接、试漏、清洗焊口、固定。 计量单位：10m²

定额编号				A7-2-60	A7-2-61	A7-2-62
项目名称				铝板圆形风管(氧乙炔焊)		
				直径×壁厚(mm)		
				≤200×2	≤400×2	≤630×2
基价（元）				**4648.52**	**3414.14**	**2556.73**
其中	人工费（元）			3744.72	2762.90	2078.30
	材料费（元）			371.28	310.62	291.33
	机械费（元）			532.52	340.62	187.10
名称		单位	单价(元)	消耗量		
人工	综合工日	工日	140.00	26.748	19.735	14.845
材料	铝板 δ2	m²	—	(10.800)	(10.800)	(10.800)
	白垩粉	kg	0.35	2.500	2.500	2.500
	钢锯条	条	0.34	13.000	11.050	9.100
	酒精	kg	6.40	1.300	1.300	1.300
	铝焊粉	kg	31.21	3.090	2.520	2.320
	铝焊 丝301	kg	29.91	2.520	2.040	1.880
	煤油	kg	3.73	1.950	1.950	1.950
	棉纱头	kg	6.00	1.300	1.300	1.300
	氢氧化钠(烧碱)	kg	2.19	2.600	2.600	2.600
	热轧薄钢板 δ0.5	m²	23.08	0.010	0.010	0.100
	石油沥青油毡 350号	m²	2.70	1.010	1.010	1.110
	铁砂布	张	0.85	19.500	19.500	19.500
	氧气	m³	3.63	19.270	15.570	14.240
	乙炔气	kg	10.45	6.883	5.561	5.089
	其他材料费占材料费	%	—	1.000	1.000	1.000
机械	剪板机 6.3×2000mm	台班	243.71	1.110	0.710	0.390
	卷板机 2×1600mm	台班	236.04	1.110	0.710	0.390

工作内容：制作：放样、下料、卷圆、折方、制作管件、组对焊接、试漏、清洗焊口；安装：找标高、清理墙洞、风管就位、组对焊接、试漏、清洗焊口、固定。

计量单位：10m²

定额编号				A7-2-63	A7-2-64	A7-2-65
项目名称				铝板圆形风管(氧乙炔焊)		
				直径×壁厚(mm)		
				≤700×2	≤200×3	≤400×3
基价（元）				**2186.15**	**5086.43**	**3738.17**
其中	人工费（元）			1722.56	4010.44	2954.00
	材料费（元）			329.26	485.90	405.17
	机械费（元）			134.33	590.09	379.00
名称		单位	单价(元)	消耗量		
人工	综合工日	工日	140.00	12.304	28.646	21.100
材料	铝板 δ2	m²	—	(10.800)	—	—
	铝板 δ3	m²	—	—	(10.800)	(10.800)
	白垩粉	kg	0.35	2.500	2.500	2.500
	钢锯条	条	0.34	9.100	13.000	11.050
	酒精	kg	6.40	1.300	1.300	1.300
	铝焊粉	kg	31.21	2.670	4.040	3.280
	铝焊 丝301	kg	29.91	2.160	3.920	3.180
	煤油	kg	3.73	1.950	1.950	1.950
	棉纱头	kg	6.00	1.300	1.300	1.300
	氢氧化钠(烧碱)	kg	2.19	2.600	2.600	2.600
	热轧薄钢板 δ0.5	m²	23.08	0.150	0.100	0.100
	石油沥青油毡 350号	m²	2.70	1.210	1.010	1.010
	铁砂布	张	0.85	19.500	19.500	19.500
	氧气	m³	3.63	16.530	24.690	20.150
	乙炔气	kg	10.45	5.904	8.817	7.196
	其他材料费占材料费	%	—	1.000	1.000	1.000
机械	剪板机 6.3×2000mm	台班	243.71	0.280	1.230	0.790
	卷板机 2×1600mm	台班	236.04	0.280	1.230	0.790

工作内容：制作：放样、下料、卷圆、折方、制作管件、组对焊接、试漏、清洗焊口；安装：找标高、清理墙洞、风管就位、组对焊接、试漏、清洗焊口、固定。 计量单位：10m²

定额编号				A7-2-66	A7-2-67	A7-2-68
项目名称				铝板圆形风管(氧乙炔焊)		
				直径×壁厚(mm)		
				≤630×3	≤700×3	>700×3
基价（元）				**2791.49**	**2398.48**	**2093.36**
其中	人工费（元）			2204.44	1821.96	1580.60
	材料费（元）			375.96	427.80	402.42
	机械费（元）			211.09	148.72	110.34
名称		**单位**	**单价(元)**	**消耗量**		
人工	综合工日	工日	140.00	15.746	13.014	11.290
材料	铝板 δ3	m²	—	(10.800)	(10.800)	(10.800)
	白垩粉	kg	0.35	2.400	2.300	2.300
	钢锯条	条	0.34	9.100	9.100	9.100
	酒精	kg	6.40	1.300	1.300	1.300
	铝焊粉	kg	31.21	3.010	3.490	3.240
	铝焊 丝301	kg	29.91	2.920	3.370	3.150
	煤油	kg	3.73	1.950	1.950	1.950
	棉纱头	kg	6.00	1.300	1.300	1.300
	氢氧化钠(烧碱)	kg	2.19	2.600	2.600	2.600
	热轧薄钢板 δ0.5	m²	23.08	0.100	0.150	0.150
	石油沥青油毡 350号	m²	2.70	1.110	1.210	1.210
	铁砂布	张	0.85	19.500	19.500	19.500
	氧气	m³	3.63	18.480	21.400	19.940
	乙炔气	kg	10.45	6.600	7.643	7.122
	其他材料费占材料费	%	—	1.000	1.000	1.000
机械	剪板机 6.3×2000mm	台班	243.71	0.440	0.310	0.230
	卷板机 2×1600mm	台班	236.04	0.440	0.310	0.230

工作内容：制作：放样、下料、卷圆、折方、制作管件、组对焊接、试漏、清洗焊口；安装：找标高、清理墙洞、风管就位、组对焊接、试漏、清洗焊口、固定。 计量单位：10m²

定额编号				A7-2-69	A7-2-70	A7-2-71
项目名称				铝板圆形风管(氩弧焊)		
				直径×壁厚(mm)		
				≤200×2	≤400×2	≤630×2
基价(元)				5979.91	4534.55	3591.77
其中	人工费(元)			3457.16	2550.66	1918.70
	材料费(元)			725.58	602.67	551.37
	机械费(元)			1797.17	1381.22	1121.70
	名称	单位	单价(元)	消耗量		
人工	综合工日	工日	140.00	24.694	18.219	13.705
材料	铝板 δ2	m²	—	(10.800)	(10.800)	(10.800)
	钢锯条	条	0.34	13.000	11.050	9.100
	酒精	kg	6.40	1.300	1.300	1.300
	铝锰合金焊丝 HS321 φ1～6	kg	51.28	5.610	4.560	4.200
	煤油	kg	3.73	1.950	1.950	1.950
	棉纱头	kg	6.00	1.300	1.300	1.300
	氢氧化钠(烧碱)	kg	2.19	2.600	2.600	2.600
	热轧薄钢板 δ0.5	m²	23.08	0.100	0.100	0.100
	铁砂布	张	0.85	19.500	19.500	19.500
	钍钨极棒	kg	360.00	0.037	0.030	0.027
	氩气	m³	19.59	18.632	15.331	13.770
	其他材料费占材料费	%	—	1.000	1.000	1.000
机械	剪板机 6.3×2000mm	台班	243.71	1.110	0.710	0.390
	卷板机 2×1600mm	台班	236.04	1.110	0.710	0.390
	氩弧焊机 500A	台班	92.58	13.660	11.240	10.095

工作内容：制作：放样、下料、卷圆、折方、制作管件、组对焊接、试漏、清洗焊口；安装：找标高、清理墙洞、风管就位、组对焊接、试漏、清洗焊口、固定。

计量单位：10m²

定额编号				A7-2-72	A7-2-73	A7-2-74
项目名称				铝板圆形风管(氩弧焊)		
				直径×壁厚(mm)		
				≤700×2	≤200×3	≤400×3
基价（元）				**3440.46**	**6866.86**	**5215.60**
其中	人工费（元）			1590.26	3702.30	2727.20
	材料费（元）			630.83	954.50	786.61
	机械费（元）			1219.37	2210.06	1701.79
名称		单位	单价(元)	消耗量		
人工	综合工日	工日	140.00	11.359	26.445	19.480
材料	铝板 δ2	m²	—	(10.800)	—	—
	铝板 δ3	m²	—	—	(10.800)	(10.800)
	钢锯条	条	0.34	9.100	13.000	11.050
	酒精	kg	6.40	1.300	1.300	1.300
	铝锰合金焊丝 HS321 φ1～6	kg	51.28	4.830	7.960	6.460
	煤油	kg	3.73	1.950	1.950	1.950
	棉纱头	kg	6.00	1.300	1.300	1.300
	氢氧化钠(烧碱)	kg	2.19	2.600	2.600	2.600
	热轧薄钢板 δ0.5	m²	23.08	0.150	0.100	0.100
	铁砂布	张	0.85	19.500	19.500	19.500
	钍钨极棒	kg	360.00	0.032	0.047	0.039
	氩气	m³	19.59	15.986	23.867	19.489
	其他材料费占材料费	%	—	1.000	1.000	1.000
机械	剪板机 6.3×2000mm	台班	243.71	0.280	1.230	0.790
	卷板机 2×1600mm	台班	236.04	0.280	1.230	0.790
	氩弧焊机 500A	台班	92.58	11.720	17.498	14.288

工作内容：制作：放样、下料、卷圆、折方、制作管件、组对焊接、试漏、清洗焊口；安装：找标高、清理墙洞、风管就位、组对焊接、试漏、清洗焊口、固定。 计量单位：10m²

定额编号				A7-2-75	A7-2-76	A7-2-77
项目名称				铝板圆形风管(氩弧焊)		
				直径×壁厚(mm)		
				≤630×3	≤700×3	>700×3
基价（元）				4183.90	3453.92	2695.98
其中	人工费（元）			2035.04	1682.10	1459.22
	材料费（元）			724.97	689.89	556.12
	机械费（元）			1423.89	1081.93	680.64
名称		单位	单价(元)	消耗量		
人工	综合工日	工日	140.00	14.536	12.015	10.423
材料	铝板 δ3	m²	—	(10.800)	(10.800)	(10.800)
	钢锯条	条	0.34	9.100	9.100	9.100
	酒精	kg	6.40	1.300	1.300	1.300
	铝锰合金焊丝 HS321 Φ1～6	kg	51.28	5.930	6.860	6.390
	煤油	kg	3.73	1.950	1.950	1.950
	棉纱头	kg	6.00	1.300	1.300	1.300
	氢氧化钠(烧碱)	kg	2.19	2.600	2.600	2.600
	热轧薄钢板 δ0.5	m²	23.08	0.100	0.150	0.150
	铁砂布	张	0.85	19.500	19.500	19.500
	钍钨极棒	kg	360.00	0.035	0.027	0.017
	氩气	m³	19.59	17.868	13.749	8.402
	其他材料费占材料费	%	—	1.000	1.000	1.000
机械	剪板机 6.3×2000mm	台班	243.71	0.440	0.310	0.230
	卷板机 2×1600mm	台班	236.04	0.440	0.310	0.230
	氩弧焊机 500A	台班	92.58	13.100	10.080	6.160

2. 矩形风管

工作内容：制作：放样、下料、折方、制作管件、组对焊接、试漏、清洗焊口；安装：找标高、清理墙洞、风管就位、组对焊接、试漏、清洗焊口、固定。

计量单位：10m²

定额编号				A7-2-78	A7-2-79	A7-2-80
项目名称				铝板矩形风管(氧乙炔焊)		
				长边长×壁厚(mm)		
				≤320×2	≤630×2	≤2000×2
基价(元)				2845.61	1930.14	1466.82
其中	人工费(元)			2162.86	1482.04	1145.76
	材料费(元)			450.02	261.03	183.51
	机械费(元)			232.73	187.07	137.55
名称		单位	单价(元)	消耗量		
人工	综合工日	工日	140.00	15.449	10.586	8.184
材料	铝板 δ2	m²	—	(10.800)	(10.800)	(10.800)
	白垩粉	kg	0.35	2.500	2.500	2.500
	钢锯条	条	0.34	13.000	8.450	7.800
	酒精	kg	6.40	1.300	1.300	1.300
	铝焊粉	kg	31.21	3.830	2.110	1.370
	铝焊 丝301	kg	29.91	3.100	1.720	1.110
	煤油	kg	3.73	2.600	1.950	1.890
	棉纱头	kg	6.00	1.300	1.300	1.300
	氢氧化钠(烧碱)	kg	2.19	4.500	2.600	2.600
	石油沥青油毡 350号	m²	2.70	0.500	0.500	0.500
	铁砂布	张	0.85	19.500	13.000	11.700
	氧气	m³	3.63	23.690	13.030	8.430
	乙炔气	kg	10.45	8.461	4.652	3.009
	其他材料费占材料费	%	—	1.000	1.000	1.000
机械	剪板机 6.3×2000mm	台班	243.71	0.846	0.680	0.500
	折方机 4×2000mm	台班	31.39	0.846	0.680	0.500

工作内容：制作：放样、下料、折方、制作管件、组对焊接、试漏、清洗焊口；安装：找标高、清理墙洞、风管就位、组对焊接、试漏、清洗焊口、固定。

计量单位：10m²

定额编号				A7-2-81	A7-2-82	A7-2-83
项目名称				铝板矩形风管(氧乙炔焊)		
				长边长×壁厚(mm)		
				≤320×3	≤630×3	≤2000×3
基价（元）				3117.01	2073.01	1516.08
其中	人工费（元）			2331.14	1479.66	1145.90
	材料费（元）			538.28	370.52	254.64
	机械费（元）			247.59	222.83	115.54
名称		单位	单价(元)	消耗量		
人工	综合工日	工日	140.00	16.651	10.569	8.185
材料	铝板 δ3	m²	—	(10.800)	(10.800)	(10.800)
	白垩粉	kg	0.35	2.500	2.500	2.500
	钢锯条	条	0.34	13.000	9.100	7.800
	酒精	kg	6.40	1.300	1.300	1.300
	铝焊粉	kg	31.21	4.530	3.050	1.980
	铝焊 丝301	kg	29.91	4.390	2.960	1.910
	煤油	kg	3.73	2.600	1.950	1.920
	棉纱头	kg	6.00	1.300	1.300	1.300
	氢氧化钠(烧碱)	kg	2.19	2.600	2.600	2.600
	石油沥青油毡 350号	m²	2.70	0.500	0.500	0.500
	铁砂布	张	0.85	19.500	13.000	12.350
	氧气	m³	3.63	27.920	18.700	12.070
	乙炔气	kg	10.45	9.970	6.678	4.309
	其他材料费占材料费	%	—	1.000	1.000	1.000
机械	剪板机 6.3×2000mm	台班	243.71	0.900	0.810	0.420
	折方机 4×2000mm	台班	31.39	0.900	0.810	0.420

工作内容：制作：放样、下料、折方、制作管件、组对焊接、试漏、清洗焊口；安装：找标高、清理墙洞、风管就位、组对焊接、试漏、清洗焊口、固定。 计量单位：10m²

定额编号				A7-2-84	A7-2-85	A7-2-86
项目名称				铝板矩形风管(氩弧焊)		
				周长×壁厚(mm)		
				≤800×2	≤1600×2	≤2000×2
基价（元）				**5112.31**	**3048.84**	**2172.34**
其中	人工费（元）			2403.24	1482.04	1145.90
	材料费（元）			888.28	505.68	337.02
	机械费（元）			1820.79	1061.12	689.42
名称		单位	单价(元)	消耗量		
人工	综合工日	工日	140.00	17.166	10.586	8.185
材料	铝板 δ2	m²	—	(10.800)	(10.800)	(10.800)
	钢锯条	条	0.34	13.000	8.450	7.800
	酒精	kg	6.40	1.300	1.300	1.300
	铝锰合金焊丝 HS321 Φ1～6	kg	51.28	6.930	3.830	2.480
	煤油	kg	3.73	2.600	1.950	1.890
	棉纱头	kg	6.00	1.300	1.300	1.300
	氢氧化钠(烧碱)	kg	2.19	4.500	2.600	2.600
	铁砂布	张	0.85	19.500	13.000	11.700
	钍钨极棒	kg	360.00	0.046	0.025	0.016
	氩气	m³	19.59	23.016	12.877	8.131
	其他材料费占材料费	%	—	1.000	1.000	1.000
机械	剪板机 6.3×2000mm	台班	243.71	0.940	0.680	0.500
	氩弧焊机 500A	台班	92.58	16.874	9.441	5.961
	折方机 4×2000mm	台班	31.39	0.940	0.680	0.500

工作内容：制作：放样、下料、折方、制作管件、组对焊接、试漏、清洗焊口；安装：找标高、清理墙洞、风管就位、组对焊接、试漏、清洗焊口、固定。 计量单位：10m²

定额编号				A7-2-87	A7-2-88	A7-2-89
项目名称				铝板矩形风管(氩弧焊)		
				周长×壁厚(mm)		
				≤800×3	≤1800×3	≤2400×3
基价（元）				5457.53	3659.93	2541.27
其中	人工费（元）			2331.14	1479.66	1145.90
	材料费（元）			1063.49	726.77	484.29
	机械费（元）			2062.90	1453.50	911.08
名称		单位	单价(元)	消耗量		
人工	综合工日	工日	140.00	16.651	10.569	8.185
材料	铝板 δ3	m²	—	(10.800)	(10.800)	(10.800)
	钢锯条	条	0.34	13.000	9.100	7.800
	酒精	kg	6.40	1.300	1.300	1.300
	铝锰合金焊丝 HS321 ф1～6	kg	51.28	8.920	6.010	3.890
	煤油	kg	3.73	2.600	1.950	1.920
	棉纱头	kg	6.00	1.300	1.300	1.300
	氢氧化钠(烧碱)	kg	2.19	2.600	2.600	2.600
	铁砂布	张	0.85	19.500	13.000	12.350
	钍钨极棒	kg	360.00	0.053	0.036	0.023
	氩气	m³	19.59	26.746	18.131	11.721
	其他材料费占材料费	%	—	1.000	1.000	1.000
机械	剪板机 6.3×2000mm	台班	243.71	0.900	0.810	0.420
	氩弧焊机 500A	台班	92.58	19.608	13.293	8.593
	折方机 4×2000mm	台班	31.39	0.900	0.810	0.420

七、塑料风管制作、安装

1. 圆形风管

工作内容：制作：放样、锯切、坡口、加热成型、制作法兰、管件、钻孔、组合焊接；安装：就位、制垫、加垫、法兰连接、找正、找平、固定。

计量单位：10m²

定额编号				A7-2-90	A7-2-91	A7-2-92
项目名称				塑料圆形风管直径×壁厚(mm)		
				≤320×3	≤500×4	≤1000×5
基价（元）				2866.91	1789.44	1850.30
其中	人工费（元）			2065.00	1279.60	1247.54
	材料费（元）			269.54	228.59	292.16
	机械费（元）			532.37	281.25	310.60
	名称	单位	单价(元)	消耗量		
人工	综合工日	工日	140.00	14.750	9.140	8.911
材料	硬聚氯乙烯板 δ3～8	m²	—	(11.600)	(11.600)	(11.600)
	垫圈 M10～20	10个	1.28	—	—	10.400
	垫圈 M2～8	10个	0.09	23.000	16.000	—
	聚氯乙烯板 δ12	m²	128.21	—	—	0.640
	聚氯乙烯板 δ6	m²	85.47	0.610	0.070	0.460
	聚氯乙烯板 δ8	m²	112.82	0.350	0.750	0.060
	六角螺栓带螺母 M10×75	10套	5.13	—	—	5.200
	六角螺栓带螺母 M8×75	10套	4.27	11.500	8.000	—
	软聚氯乙烯板 δ4	m²	35.11	0.570	0.450	0.380
	硬聚氯乙烯焊条	kg	20.77	5.010	4.060	5.190
	其他材料费占材料费	%	—	1.000	1.000	1.000
机械	电动空气压缩机 0.6m³/min	台班	37.30	6.710	4.850	5.670
	弓锯床 250mm	台班	24.28	0.190	0.130	0.160
	坡口机 2.8kW	台班	32.47	0.420	0.290	0.320
	台式钻床 16mm	台班	4.07	0.660	0.460	0.300
	箱式加热炉 45kW	台班	114.54	2.280	0.750	0.730

工作内容：制作：放样、锯切、坡口、加热成型、制作法兰、管件、钻孔、组合焊接；安装：就位、制垫、加垫、法兰连接、找正、找平、固定。 计量单位：10m²

定额编号				A7-2-93	A7-2-94
项目名称				塑料圆形风管直径×壁厚(mm)	
				≤1250×6	≤2000×8
基价（元）				1889.58	1975.93
其中	人工费（元）			1284.78	1380.12
	材料费（元）			296.98	295.01
	机械费（元）			307.82	300.80
名称		单位	单价(元)	消耗量	
人工	综合工日	工日	140.00	9.177	9.858
材料	硬聚氯乙烯板 δ3～8	m²	—	(11.600)	(11.600)
	垫圈 M10～20	10个	1.28	10.000	8.400
	聚氯乙烯板 δ12	m²	128.21	0.630	0.610
	聚氯乙烯板 δ8	m²	112.82	0.450	0.410
	六角螺栓带螺母 M10×75	10套	5.13	5.000	4.200
	软聚氯乙烯板 δ4	m²	35.11	0.380	0.370
	硬聚氯乙烯焊条	kg	20.77	5.330	5.890
	其他材料费占材料费	%	—	1.000	1.000
机械	电动空气压缩机 0.6m³/min	台班	37.30	5.680	5.720
	弓锯床 250mm	台班	24.28	0.160	0.150
	坡口机 2.8kW	台班	32.47	0.330	0.360
	台式钻床 16mm	台班	4.07	0.290	0.270
	箱式加热炉 45kW	台班	114.54	0.700	0.620

2.矩形风管

工作内容：制作：放样、锯切、坡口、加热成型、制作法兰、管件、钻孔、组合焊接；安装：就位、制垫、加垫、法兰连接、找平、找正、固定。

计量单位：10m²

定额编号				A7-2-95	A7-2-96	A7-2-97
项目名称				塑料矩形风管长边长×壁厚(mm)		
				≤320×3	≤500×4	≤800×5
基价（元）				**2014.90**	**2013.14**	**2035.28**
其中	人工费（元）			1542.10	1468.88	1391.74
	材料费（元）			207.95	269.32	351.00
	机械费（元）			264.85	274.94	292.54
名称		单位	单价(元)	消耗量		
人工	综合工日	工日	140.00	11.015	10.492	9.941
材料	硬聚氯乙烯板 δ3～8	m²	—	(11.600)	(11.600)	(11.600)
	垫圈 M10～20	10个	1.28	13.000	10.400	9.600
	聚氯乙烯板 δ12	m²	128.21	—	—	0.570
	聚氯乙烯板 δ6	m²	85.47	0.040	0.820	—
	聚氯乙烯板 δ8	m²	112.82	0.580	0.520	0.910
	六角螺栓带螺母 M10×75	10套	5.13	—	—	4.800
	六角螺栓带螺母 M8×75	10套	4.27	6.500	5.200	—
	软聚氯乙烯板 δ4	m²	35.11	0.290	0.260	0.280
	硬聚氯乙烯焊条	kg	20.77	3.970	4.490	6.020
	其他材料费占材料费	%	—	1.000	1.000	1.000
机械	电动空气压缩机 0.6m³/min	台班	37.30	6.050	6.600	7.120
	弓锯床 250mm	台班	24.28	0.150	0.200	0.210
	坡口机 2.8kW	台班	32.47	0.310	0.380	0.390
	台式钻床 16mm	台班	4.07	0.350	0.310	0.290
	箱式加热炉 45kW	台班	114.54	0.210	0.090	0.070

工作内容：制作：放样、锯切、坡口、加热成型、制作法兰、管件、钻孔、组合焊接；安装：就位、制垫、加垫、法兰连接、找平、找正、固定。

计量单位：10m²

定额编号				A7-2-98	A7-2-99
项目名称				塑料矩形风管长边长×壁厚(mm)	
				≤1250×6	≤2000×8
基价（元）				2005.07	1862.48
其中	人工费（元）			1371.16	1230.60
	材料费（元）			367.02	365.54
	机械费（元）			266.89	266.34
名称		单位	单价(元)	消耗量	
人工	综合工日	工日	140.00	9.794	8.790
材料	硬聚氯乙烯板 δ3～8	m²	—	(11.600)	(11.600)
	垫圈 M10～20	10个	1.28	9.000	8.400
	聚氯乙烯板 δ12	m²	128.21	1.460	—
	聚氯乙烯板 δ14	m²	153.85	—	1.120
	六角螺栓带螺母 M10×75	10套	5.13	4.500	4.200
	软聚氯乙烯板 δ4	m²	35.11	0.300	0.310
	硬聚氯乙烯焊条	kg	20.77	6.310	7.050
	其他材料费占材料费	%	—	1.000	1.000
机械	电动空气压缩机 0.6m³/min	台班	37.30	6.460	6.430
	弓锯床 250mm	台班	24.28	0.220	0.210
	坡口机 2.8kW	台班	32.47	0.390	0.410
	台式钻床 16mm	台班	4.07	0.260	0.300
	箱式加热炉 45kW	台班	114.54	0.060	0.060

八、玻璃钢风管安装

1. 圆形风管

工作内容：找标高、打支架墙洞、配合预留孔洞、吊托支架制作及埋设、风管配合修补、粘接、组装就位、找平、找正、制垫、加垫、上螺栓、紧固。 计量单位：10m²

定额编号				A7-2-100	A7-2-101	A7-2-102	A7-2-103
项目名称				玻璃钢圆形风管直径(mm)			
				≤200	≤500	≤800	≤2000
基价（元）				**638.30**	**374.22**	**319.73**	**367.26**
其中	人工费（元）			514.92	268.94	221.20	254.80
	材料费（元）			101.93	97.00	94.36	110.65
	机械费（元）			21.45	8.28	4.17	1.81
名称		单位	单价(元)	消耗量			
人工	综合工日	工日	140.00	3.678	1.921	1.580	1.820
材料	玻璃钢风管 1.5～4	m²	—	(10.320)	(10.320)	(10.320)	(10.320)
	扁钢	kg	3.40	4.130	1.420	0.860	3.710
	低碳钢焊条	kg	6.84	0.170	0.140	0.060	0.040
	角钢 60	kg	3.61	8.620	12.640	14.020	14.850
	六角螺栓带螺母 M10×75	10套	5.13	—	—	5.670	4.290
	六角螺栓带螺母 M8×75	10套	4.27	9.350	7.890	—	—
	橡胶板	kg	2.91	1.400	1.240	0.970	0.920
	氧气	m³	3.63	0.087	0.117	0.123	0.177
	乙炔气	kg	10.45	0.031	0.042	0.044	0.063
	圆钢 φ10～14	kg	3.40	—	—	1.210	4.900
	圆钢 φ5.5～9	kg	3.40	2.930	1.900	0.750	0.120
	其他材料费占材料费	%	—	1.000	1.000	1.000	1.000
机械	法兰卷圆机 L40×4	台班	33.27	0.500	0.130	0.070	0.020
	交流弧焊机 21kV·A	台班	57.35	0.064	0.052	0.020	0.010
	台式钻床 16mm	台班	4.07	0.280	0.240	0.170	0.140

2.矩形风管

工作内容：找标高、打支架墙洞、配合预留孔洞、吊托支架制作及埋设、风管配合修补、粘接、组装就位、找平、找正、制垫、加垫、上螺栓、紧固。 计量单位：10m²

定额编号				A7-2-104	A7-2-105	A7-2-106	A7-2-107
项目名称				玻璃钢矩形风管长边长(mm)			
				≤200	≤500	≤800	≤2000
基价(元)				**505.22**	**315.41**	**239.61**	**280.95**
其中	人工费(元)			332.50	198.24	149.38	180.88
	材料费(元)			159.38	111.03	87.33	97.86
	机械费(元)			13.34	6.14	2.90	2.21
名称		单位	单价(元)	消耗量			
人工	综合工日	工日	140.00	2.375	1.416	1.067	1.292
材料	玻璃钢风管 1.5～4	m²	—	(10.320)	(10.320)	(10.320)	(10.320)
	扁钢	kg	3.40	0.860	0.530	0.450	0.410
	低碳钢焊条	kg	6.84	0.900	0.420	0.180	0.140
	角钢 60	kg	3.61	16.170	14.260	14.080	18.160
	六角螺栓带螺母 M10×75	10套	5.13	—	—	4.730	3.690
	六角螺栓带螺母 M8×75	10套	4.27	18.590	9.960	—	—
	橡胶板	kg	2.91	1.840	1.300	0.920	0.810
	氧气	m³	3.63	0.138	0.123	0.117	0.153
	乙炔气	kg	10.45	0.050	0.044	0.042	0.055
	圆钢 φ10～14	kg	3.40	—	—	—	1.850
	圆钢 φ5.5～9	kg	3.40	1.350	1.930	1.490	0.080
	其他材料费占材料费	%	—	1.000	1.000	1.000	1.000
机械	交流弧焊机 21kV·A	台班	57.35	0.200	0.090	0.040	0.030
	台式钻床 16mm	台班	4.07	0.460	0.240	0.150	0.120

九、复合型风管制作、安装

1.玻纤复合法兰圆形风管

工作内容：制作：放样、切割、开槽、成型、制作管体、制作管件及法兰、吊托支架制作；安装：找标高、打支架墙洞、配合预留孔洞、埋设吊托支架、组装、风管就位、制垫、固定。

计量单位：10m²

定额编号				A7-2-108	A7-2-109	A7-2-110	A7-2-111
项目名称				玻纤复合圆形风管直径(mm)			
				≤300	≤630	≤1000	≤2000
基价（元）				277.65	173.01	157.30	155.59
其中	人工费（元）			95.34	58.80	56.84	60.76
	材料费（元）			144.26	87.14	75.40	68.06
	机械费（元）			38.05	27.07	25.06	26.77
名称		单位	单价(元)	消耗量			
人工	综合工日	工日	140.00	0.681	0.420	0.406	0.434
材料	复合型板材	m²	—	(11.600)	(11.600)	(11.600)	(11.600)
	扁钢	kg	3.40	6.640	4.770	3.780	4.440
	垫圈 M2～8	10个	0.09	—	—	3.540	3.030
	六角螺母 M6～10	10个	0.77	—	—	3.540	3.030
	膨胀螺栓 M12	套	0.73	2.000	2.000	1.500	1.200
	热敏铝箔胶带 64	m	2.91	35.120	20.360	13.530	8.490
	圆钢 φ5.5～9	kg	3.40	4.880	2.750	5.380	7.090
	其他材料费占材料费	%	—	1.000	1.000	1.000	1.000
机械	电锤	台班	9.72	0.060	0.060	0.040	0.040
	封口机	台班	36.42	0.280	0.200	0.130	0.120
	交流弧焊机 21kV·A	台班	57.35	0.050	0.050	0.040	0.030
	开槽机	台班	134.45	0.180	0.120	0.130	0.150
	台式钻床 16mm	台班	4.07	0.050	0.050	0.040	0.030

2. 玻纤复合法兰矩形风管

工作内容：制作：放样、切割、开槽、成型、制作管体、制作管件及法兰、吊托支架制作；安装：找标高、打支架墙洞、配合预留孔洞、埋设吊托支架、组装、风管就位、制垫、固定。

计量单位：10m²

定额编号				A7-2-112	A7-2-113	A7-2-114
项目名称				玻纤复合型矩形风管		
				周长(mm)		
				≤1000	≤2000	≤3200
基价（元）				**206.22**	**203.43**	**186.47**
其中	人工费（元）			65.94	63.28	59.08
	材料费（元）			110.94	111.17	98.66
	机械费（元）			29.34	28.98	28.73
名称		**单位**	**单价(元)**	**消耗量**		
人工	综合工日	工日	140.00	0.471	0.452	0.422
材料	复合型板材	m²	—	(11.600)	(11.600)	(11.600)
	垫圈 M2～8	10个	0.09	2.310	5.440	4.450
	镀锌薄钢板 δ1～1.5	kg	3.79	0.985	1.260	1.260
	角钢 60	kg	3.61	7.604	4.980	4.257
	六角螺母 M6～10	10个	0.77	2.310	5.440	4.450
	膨胀螺栓 M12	套	0.73	1.800	1.500	1.200
	热敏铝箔胶带 64	m	2.91	19.850	18.520	18.040
	圆钢 φ5.5～9	kg	3.40	5.070	8.000	5.870
	自攻螺钉 M4×12	10个	0.09	4.000	5.000	4.200
	其他材料费占材料费	%	—	1.000	1.000	1.000
机械	电锤	台班	9.72	0.040	0.040	0.040
	封口机	台班	36.42	0.120	0.110	0.120
	交流弧焊机 21kV·A	台班	57.35	0.050	0.050	0.040
	开槽机	台班	134.45	0.160	0.160	0.160
	台式钻床 16mm	台班	4.07	0.050	0.050	0.040

工作内容：制作：放样、切割、开槽、成型、制作管体、制作管件及法兰、吊托支架制作；安装：找标高、打支架墙洞、配合预留孔洞、埋设吊托支架、组装、风管就位、制垫、固定。

计量单位：10m²

定额编号				A7-2-115	A7-2-116
项目名称				玻纤复合型矩形风管	
				周长(mm)	
				≤4500	≤6500
基价（元）				182.66	164.57
其中	人工费（元）			57.68	54.88
	材料费（元）			96.62	78.52
	机械费（元）			28.36	31.17
名称		单位	单价(元)	消耗量	
人工	综合工日	工日	140.00	0.412	0.392
材料	复合型板材	m²	—	(11.600)	(11.600)
	垫圈 M2～8	10个	0.09	4.096	3.105
	镀锌薄钢板 δ1～1.5	kg	3.79	1.334	1.485
	角钢 60	kg	3.61	3.682	3.960
	六角螺母 M6～10	10个	0.77	4.096	3.105
	膨胀螺栓 M12	套	0.73	1.200	1.000
	热敏铝箔胶带 64	m	2.91	16.520	10.270
	圆钢 φ5.5～9	kg	3.40	7.200	7.110
	自攻螺钉 M4×12	10个	0.09	4.000	4.000
	其他材料费占材料费	%	—	1.000	1.000
机械	电锤	台班	9.72	0.040	0.040
	封口机	台班	36.42	0.110	0.130
	交流弧焊机 21kV·A	台班	57.35	0.040	0.030
	开槽机	台班	134.45	0.160	0.180
	台式钻床 16mm	台班	4.07	0.040	0.030

3.机制玻镁复合矩形风管

工作内容：制作：放样、切割、开槽、成型、制作管体、制作管件及吊托支架；安装：找标高、打支架墙洞、配合预留孔洞、埋设吊托支架、组装、风管就位、制垫、固定。　　计量单位：10m²

定额编号				A7-2-117	A7-2-118	A7-2-119	A7-2-120
项目名称				玻镁复合风管制作安装(粘接)			
				周长(mm)			
				≤2000	≤3200	≤4500	≤6500
基价(元)				265.32	254.44	830.77	668.18
其中	人工费(元)			149.38	142.10	131.32	131.32
	材料费(元)			110.76	107.20	694.31	531.76
	机械费(元)			5.18	5.14	5.14	5.10
名称		单位	单价(元)	消耗量			
人工	综合工日	工日	140.00	1.067	1.015	0.938	0.938
材料	复合型板材	m²	—	(11.600)	(11.600)	(11.600)	(11.600)
	风管专用胶水	kg	3.29	11.500	11.500	11.500	11.500
	加强条	m	52.99	—	—	10.000	6.700
	角钢 ∠40～50	kg	3.61	5.982	6.903	9.200	10.300
	金属膨胀螺栓 M10	套	1.71	3.500	2.120	—	—
	金属膨胀螺栓 M12	套	2.49	—	—	2.500	2.220
	铝箔胶带	m	0.65	30.000	30.000	30.000	30.000
	铝合金法兰	m	20.00	0.670	0.670	0.670	0.670
	普碳钢六角螺母 M10	10个	0.90	0.350	0.212	—	—
	普碳钢六角螺母 M12	10个	1.30	—	—	0.250	0.222
	网格布	m	1.28	—	—	16.000	22.000
	圆钢 φ5.5～9	kg	3.40	3.245	1.962	3.330	2.957
	支撑柱保温套	副	2.00	—	—	5.000	6.160
	支撑柱垫片	只	0.14	—	—	20.000	24.640
	支撑柱螺杆 φ12	kg	2.74	—	—	0.888	1.368
	其他材料费占材料费	%	—	1.000	1.000	1.000	1.000
机械	电锤	台班	9.72	0.040	0.040	0.040	0.040
	交流弧焊机 21kV·A	台班	57.35	0.080	0.080	0.080	0.080
	台式钻床 16mm	台班	4.07	0.050	0.040	0.040	0.030

4.彩钢矩形复合风管

工作内容：制作：放样、切割、开槽、成型、制作管体、制作管件及吊托支架；安装：找标高、打支架墙洞、配合预留孔洞、埋设吊托支架、组装、风管就位、制垫、固定。 计量单位：10m²

定额编号				A7-2-121	A7-2-122	A7-2-123
项目名称				彩钢矩形复合风管制作安装(法兰连接)		
				周长(mm)		
				≤1300	≤2000	≤3200
基价（元）				296.42	256.58	233.28
其中	人工费（元）			130.76	126.56	125.30
	材料费（元）			118.76	89.94	74.67
	机械费（元）			46.90	40.08	33.31
名称		单位	单价(元)	消耗量		
人工	综合工日	工日	140.00	0.934	0.904	0.895
材料	风管专用法兰	m	—	(16.800)	(16.800)	(16.800)
	复合型板材	m²	—	(10.800)	(10.800)	(10.800)
	镀锌六角带帽螺栓 M10×14～70	10套	3.20	—	—	3.200
	镀锌六角带帽螺栓 M18×14～75	10套	5.00	6.150	4.000	—
	风管专用胶水	kg	3.29	0.720	0.680	0.650
	角钢 ∠40～50	kg	3.61	7.266	7.990	8.800
	金属膨胀螺栓 M10	套	1.71	—	—	3.800
	金属膨胀螺栓 M8	套	0.88	7.500	5.000	—
	圆钢 φ8～14	kg	3.40	15.188	9.872	6.850
	其他材料费占材料费	%	—	1.000	1.000	1.000
机械	电锤	台班	9.72	0.060	0.050	0.050
	交流弧焊机 21kV·A	台班	57.35	0.100	0.100	0.100
	开槽机	台班	134.45	0.300	0.250	0.200
	台式钻床 16mm	台班	4.07	0.060	0.060	0.050

工作内容：制作：放样、切割、开槽、成型、制作管体、制作管件及吊托支架；安装：找标高、打支架墙洞、配合预留孔洞、埋设吊托支架、组装、风管就位、制垫、固定。　　计量单位：10m²

定额编号				A7-2-124	A7-2-125	A7-2-126
项目名称				彩钢矩形复合风管制作安装(法兰连接)		
				周长(mm)		
				≤4500	≤6500	>6500
基价（元）				212.93	197.81	185.73
其中	人工费（元）			117.04	106.12	104.86
	材料费（元）			69.40	65.24	61.28
	机械费（元）			26.49	26.45	19.59
名称		单位	单价(元)	消耗量		
人工	综合工日	工日	140.00	0.836	0.758	0.749
材料	风管专用法兰	m	—	(16.800)	(16.800)	(16.800)
	复合型板材	m²	—	(10.800)	(10.800)	(10.800)
	镀锌六角带帽螺栓 M10×14～70	10套	3.20	2.500	1.778	1.231
	风管专用胶水	kg	3.29	0.620	0.580	0.550
	角钢 ∠40～50	kg	3.61	9.670	10.630	11.310
	金属膨胀螺栓 M10	套	1.71	3.000	2.500	2.200
	圆钢 φ8～14	kg	3.40	5.480	4.220	3.038
	其他材料费占材料费	%	—	1.000	1.000	1.000
机械	电锤	台班	9.72	0.040	0.040	0.030
	交流弧焊机 21kV·A	台班	57.35	0.100	0.100	0.100
	开槽机	台班	134.45	0.150	0.150	0.100
	台式钻床 16mm	台班	4.07	0.050	0.040	0.030

5.双面铝箔复合风管(法兰连接)

工作内容：制作：放样、切割、开槽、成型、制作管体、制作管件及吊托支架；安装：找标高、打支架墙洞、配合预留孔洞、埋设吊托支架、组装、风管就位、制垫、固定。　　　　计量单位：10m²

定额编号				A7-2-127	A7-2-128	A7-2-129	A7-2-130
项目名称				聚氨酯双面铝箔复合风管制作安装(厚20mm)			
				周长(mm)			
				≤800	≤2000	≤4000	＞4000
基价(元)				310.85	284.87	263.02	250.91
其中	人工费(元)			126.00	117.60	112.84	107.38
	材料费(元)			174.56	157.88	142.00	136.75
	机械费(元)			10.29	9.39	8.18	6.78
名称		单位	单价(元)	消耗量			
人工	综合工日	工日	140.00	0.900	0.840	0.806	0.767
材料	复合型板材	m²	—	(11.000)	(11.000)	(11.000)	(11.000)
	侧面PVC接口法兰	m	3.00	1.800	1.660	1.600	1.540
	单面胶带	卷	3.63	0.340	0.320	0.300	0.290
	镀锌补偿角20	只	1.10	20.000	16.000	15.000	14.400
	镀锌六角带帽螺栓 M10×14～75	10套	3.60	0.400	0.400	0.400	0.400
	镀锌圆钢 φ5.5～9	kg	3.33	4.890	4.320	3.200	3.000
	风管专用胶水	kg	3.29	0.950	0.880	0.850	0.820
	封口角 200	只	1.10	8.400	7.800	7.500	7.200
	工字型胶质插条	m	5.50	4.710	4.400	4.200	4.050
	硅酮胶	kg	44.00	0.670	0.620	0.600	0.580
	角钢 ∠60	kg	3.61	6.500	5.710	3.780	3.640
	金属膨胀螺栓 M10	套	1.71	2.000	2.000	2.000	2.000
	金属膨胀螺栓 M8	套	0.88	3.000	3.000	3.000	3.000
	铝箔胶带	卷	2.91	0.560	0.520	0.500	0.480
	平面PVC接口法兰	m	3.00	7.620	7.100	6.800	6.530
	双面胶带	卷	3.89	0.560	0.520	0.500	0.480
	其他材料费占材料费	%	—	2.500	2.500	2.500	2.500
机械	交流弧焊机 21kV·A	台班	57.35	0.020	0.020	0.020	0.020
	其他机具费	元	1.00	6.500	5.800	5.000	4.000
	台式钻床 16mm	台班	4.07	0.650	0.600	0.500	0.400

十、柔性软风管安装

1.无保温套管

工作内容：就位、加垫、连接、找平、找正、固定。　　　　计量单位：m

定额编号				A7-2-131	A7-2-132	A7-2-133
项目名称				无保温套管直径(mm)		
				≤150	≤250	≤500
基价（元）				5.33	6.03	6.59
其中	人工费（元）			1.96	2.66	3.22
	材料费（元）			3.37	3.37	3.37
	机械费（元）			—	—	—
名称		单位	单价(元)	消耗量		
人工	综合工日	工日	140.00	0.014	0.019	0.023
材料	柔性软风管	m	—	(1.000)	(1.000)	(1.000)
	不锈钢U形卡 3	个	2.53	1.333	1.333	1.333

工作内容：就位、加垫、连接、找平、找正、固定。　　　　计量单位：m

定额编号				A7-2-134	A7-2-135
项目名称				无保温套管直径(mm)	
				≤710	≤910
基价（元）				**7.99**	**9.11**
其中	人工费（元）			4.62	5.74
	材料费（元）			3.37	3.37
	机械费（元）			—	—
名称		**单位**	**单价(元)**	**消耗量**	
人工	综合工日	工日	140.00	0.033	0.041
材料	柔性软风管	m	—	(1.000)	(1.000)
	不锈钢U形卡 3	个	2.53	1.333	1.333

2.有保温套管

工作内容：就位、加垫、连接、找平、找正、固定。　　　　计量单位：m

定额编号				A7-2-136	A7-2-137	A7-2-138
项目名称				有保温套管直径(mm)		
				≤150	≤250	≤500
基价（元）				6.03	6.59	7.99
其中	人工费（元）			2.66	3.22	4.62
	材料费（元）			3.37	3.37	3.37
	机械费（元）			—	—	—
名称		单位	单价(元)	消耗量		
人工	综合工日	工日	140.00	0.019	0.023	0.033
材料	柔性软风管	m	—	(1.000)	(1.000)	(1.000)
	不锈钢U形卡 3	个	2.53	1.333	1.333	1.333

工作内容：就位、加垫、连接、找平、找正、固定。　　　　计量单位：m

定额编号				A7-2-139	A7-2-140
项目名称				有保温套管直径(mm)	
				≤710	≤910
基价（元）				9.25	11.21
其中	人工费（元）			5.88	7.84
	材料费（元）			3.37	3.37
	机械费（元）			—	—
名称		单位	单价(元)	消耗量	
人工	综合工日	工日	140.00	0.042	0.056
材料	柔性软风管	m	—	(1.000)	(1.000)
	不锈钢U形卡 3	个	2.53	1.333	1.333

十一、弯头导流叶及其他

工作内容：放样、下料、开孔、钻眼、铆接、焊接、成型、组装、加垫、紧螺栓、焊锡。 计量单位：m²

定额编号				A7-2-141	A7-2-142
项目名称				弯头导流叶片	软管接口
基价（元）				133.37	230.15
其中	人工费（元）			103.18	106.40
	材料费（元）			30.19	122.13
	机械费（元）			—	1.62
名称		单位	单价(元)	消耗量	
人工	综合工日	工日	140.00	0.737	0.760
材料	扁钢	kg	3.40	—	8.320
	低碳钢焊条	kg	6.84	—	0.060
	镀锌薄钢板 δ0.75	m²	25.60	1.140	—
	帆布	m²	10.26	—	1.150
	角钢 60	kg	3.61	—	18.330
	六角螺栓带螺母 M8×75	10套	4.27	—	2.600
	铁铆钉	kg	4.70	0.150	0.070
	橡胶板	kg	2.91	—	0.970
	其他材料费占材料费	%	—	1.000	1.000
机械	交流弧焊机 21kV·A	台班	57.35	—	0.018
	台式钻床 16mm	台班	4.07	—	0.144

工作内容：放样、下料、开孔、钻眼、铆接、焊接、成型、组装、加垫、紧螺栓、焊锡。

计量单位：100kg

定额编号				A7-2-143
项目名称				风管检查孔
基价（元）				2243.85
其中	人工费（元）			1369.48
	材料费（元）			511.69
	机械费（元）			362.68
名称		单位	单价(元)	消耗量
人工	综合工日	工日	140.00	9.782
材料	闭孔乳胶海棉 δ20	m²	3.72	5.070
	扁钢	kg	3.40	31.760
	弹簧垫圈 M2～10	10个	0.38	12.120
	酚醛塑料把手 BX32	个	0.44	120.040
	六角螺母 M6～10	10个	0.77	12.120
	热轧薄钢板 δ1.0～1.5	kg	3.93	76.360
	铁铆钉	kg	4.70	1.430
	圆钢 φ5.5～9	kg	3.40	1.410
	圆锥销 3×18	10个	0.35	4.040
	其他材料费占材料费	%	—	1.000
机械	交流弧焊机 21kV·A	台班	57.35	0.690
	普通车床 400×1000mm	台班	210.71	1.500
	台式钻床 16mm	台班	4.07	1.730

工作内容：放样、下料、开孔、钻眼、铆接、焊接、成型、组装、加垫、紧螺栓、焊锡。 计量单位：个

定额编号				A7-2-144
项目名称				温度、风量测定孔
基价（元）				59.53
其中	人工费（元）			39.90
	材料费（元）			8.40
	机械费（元）			11.23
名称		单位	单价(元)	消耗量
人工	综合工日	工日	140.00	0.285
材料	带帽六角螺栓 M2～5×4～20	10套	0.85	0.416
	弹簧垫圈 M2～10	10个	0.38	0.424
	低碳钢焊条	kg	6.84	0.110
	镀锌丝堵 DN50(堵头)	个	2.84	1.000
	热轧薄钢板 δ2.0～2.5	kg	3.93	0.180
	熟铁管箍	个	3.50	1.000
	其他材料费占材料费	%	—	1.000
机械	交流弧焊机 21kV·A	台班	57.35	0.010
	普通车床 400×1000mm	台班	210.71	0.050
	台式钻床 16mm	台班	4.07	0.030

第三章 通风管道部件制作安装

说　明

一、本章内容包括碳钢调节阀安装，柔性软风管阀门安装，碳钢风口安装，不锈钢风口安装，法兰、吊托支架制作、安装，塑料散流器安装，塑料空气分布器安装，铝制孔板口安装，碳钢风帽制作、安装，塑料风帽、伸缩节制作、安装，铝板风帽、法兰制作、安装，玻璃钢风帽安装，罩类制作、安装，塑料风罩制作、安装，消声器安装，消声静压箱安装，静压箱制作、安装，人防排气阀门安装，人防手动密闭阀门安装，人防其他部件制作、安装。

二、下列费用按系数分别计取：

1. 电动密闭阀安装执行手动密闭阀子目，人工乘以系数 1.05。

2. 手（电）动密闭阀安装子目包括一副法兰，两副法兰螺栓及橡胶石棉垫圈。如为一侧接管时，人工乘以系数 0.6，材料、机械乘以系数 0.5。不包括吊托支架制作与安装，如发生按本册第一章“设备支架制作、安装”子目另行计算。

3. 碳钢百叶风口安装子目适用于带调节板活动百叶风口、单层百叶风口、双层百叶风口、三层百叶风口、连动百叶风口、135 型单层百叶风口、135 型双层百叶风口、135 型带导流叶片百叶风口、活动金属百叶风口。风口的宽与长之比≤0.125 为条缝形风口，执行百叶风口子目，人工乘以系数 1.1。

三、有关说明：

1. 密闭式对开多叶调节阀与手动式对开多叶调节阀执行同一子目。

2. 蝶阀安装子目适用于圆形保温蝶阀，方、矩形保温蝶阀，圆形蝶阀，方、矩形蝶阀；风管止回阀安装子目适用于圆形风管止回阀、方形风管止回阀。

3. 铝合金或其他材料制作的调节阀安装应执行本章相应子目。

4. 碳钢散流器安装子目适用于圆形直片散流器、方形直片散流器、流线形散流器。

5. 碳钢送吸风口安装子目适用于单面送吸风口、双面送吸风口。

6. 铝合金风口安装应执行碳钢风口子目，人工乘以系数 0.9。

7. 铝制孔板风口如需电化处理时，电化费另行计算。

8. 其他材质和形式的排气罩制作安装可执行本章中相近的子目。

9. 管式消声器安装适用于各类管式消声器。

10. 静压箱吊托支架执行设备支架子目。

11. 手摇（脚踏）电动两用风机安装，其支架按与设备配套编制，若自行制作，按本册第一章“设备支架制作、安装”子目另行计算。

12. 排烟风口吊托支架执行本册第一章“设备支架制作、安装”子目。

13. 除尘过滤器、过滤吸收器安装子目不包括支架制作安装，其支架制作安装执行本册第一章“设备支架制作、安装”子目。

14. 探头式含磷毒气报警器安装包括探头固定数和三角支架制作安装，报警器保护孔按建筑预留考虑。

15. γ射线报警器探头安装孔子目按钢套管编制，地脚螺栓（M12×200，6 个）按与设备配套编制。包括安装孔孔底电缆穿管，但不包括电缆敷设。如设计电缆穿管长度大于 0.5m，超过部分另外执行相应子目。

16. 密闭穿墙管子目填料按油麻丝、黄油封堵考虑，如填料不同，不作调整。

17. 密闭穿墙管制作安装分类：Ⅰ型为薄钢板风管直接浇入混凝土墙内的密闭穿墙管；Ⅱ型为取样管用密闭穿墙管；Ⅲ型为薄钢板风管通过套管穿墙的密闭穿墙管。

18. 密闭穿墙管按墙厚 0.3m 编制，如与设计墙厚不同，管材可以换算，其余不变；Ⅲ型穿墙管项目不包括风管本身。

工程量计算规则

一、碳钢调节阀安装依据其类型、直径（圆形）或周长（方形），按设计图示数量计算，以“个”为计量单位。

二、柔性软风管阀门安装按设计图示数量计算，以“个”为计量单位。

二、碳钢各种风口、散流器的安装依据类型、规格尺寸按设计图示数量计算，以“个”为计量单位。

三、钢百叶窗及活动金属百叶风口安装依据规格尺寸按设计图示数量计算，以“个”为计量单位。

四、塑料通风管道柔性接口及伸缩节制作安装应依连接力式按设计图示尺寸以展开面积计算，以“m²”为计量单位。

五、塑料通风管道分布器、散流器的制作安装按其成品质量，以“kg”为计量单位。

六、塑料通风管道风帽、罩类的制作均按其质量，以“kg”为计量单位；非标准罩类制作按成品质量，以“kg”为计量单位。罩类为成品安装时制作不再计算。

七、不锈钢板风管圆形法兰制作按设计图示尺寸以质量计算，以“kg”为计量单位。

八、不锈钢板风管吊托支架制作安装按设计图示尺寸以质量计算，以“kg”为计量单位。

九、铝板圆伞形风帽，铝板风管圆、矩形法兰制作按设计图示尺寸以质量计算，以“kg”为计量单位。

十、碳钢风帽的制作安装均按其质量以“kg”为计量单位；非标准风帽制作安装按成品质量以“kg”为计量单位。风帽为成品安装时制作不再计算。

十一、碳钢风帽筝绳制作安装按设计图示规格长度以质量计算，以“kg”为计量单位。

十二、碳钢风帽泛水制作安装按设计图示尺寸以展开面积计算，以“m²”为计量单位。

十三、碳钢风帽滴水盘制作安装按设计图示尺寸以质量计算，以“kg”为计量单位。

十四、玻璃钢风帽安装依据成品质量按设计图示数量计算，以“kg”为计量单位。

十五、罩类的制作安装均按其质量以“kg”为计量单位，非标准罩类制作安装按成品质量以“kg”为计量单位。罩类为成品安装时制作不再计算。

十六、微穿孔板消声器、管式消声器、阻抗式消声器成品安装按设计图示数量计算，以“节”为计量单位。

十七、消声弯头安装按设计图示数量计算，以“个”为计量单位。

十八、消声静压箱安装按设计图示数量计算，以“个”为计量单位。

十九、静压箱制作安装按设计图示尺寸以展开面积计算，以“m²”为计量单位。

二十、人防通风机安装按设计图示数量计算，以“台”为计量单位。

二十一、人防各种调节阀制作安装按设计图示数量计算，以“个”为计量单位。

二十二、LWP 型滤尘器制作安装按设计图示尺寸以面积计算，以“m²”为计量单位。

二十三、探头式含磷毒气及γ射线报警器安装按设计图示数量计算，以“台”为计量单位。

二十四、过滤吸收器、预滤器、除湿器等安装按设计图示数量计算，以“台”为计量单位。

二十五、密闭穿墙管制作安装按设计图示数量计算，以“个”为计量单位。密闭穿墙管填塞按设计图示数量计算，以“个”为计量单位。

二十六、测压装置安装按设计图示数量计算，以“套’为计量单位。

二十七、换气堵头安装按设计图示数量计算，以“个”为计量单位。

二十八、波导窗安装按设计图示数量计算，以“个”为计量单位。

一、碳钢调节阀安装

工作内容：号孔、钻孔、对口、校正、制垫、加垫、上螺栓、紧固、试动。　　计量单位：个

定额编号				A7-3-1	A7-3-2
项目名称				空气加热器	
				上通阀	旁通阀
基价（元）				94.72	50.58
其中	人工费（元）			68.88	45.36
	材料费（元）			24.65	5.18
	机械费（元）			1.19	0.04
名称		单位	单价(元)	消耗量	
人工	综合工日	工日	140.00	0.492	0.324
材料	空气加热器旁通阀	个	—	—	(1.000)
	空气加热器上通阀	个	—	(1.000)	—
	扁钢	kg	3.40	1.060	—
	低碳钢焊条	kg	6.84	0.230	—
	垫圈 M10～20	10个	1.28	0.600	—
	六角螺栓带螺母 M10×260	10套	30.77	0.600	—
	六角螺栓带螺母 M8×75	10套	4.27	—	1.200
	其他材料费占材料费	%	—	1.000	1.000
机械	交流弧焊机 21kV·A	台班	57.35	0.020	—
	台式钻床 16mm	台班	4.07	0.010	0.010

工作内容：号孔、钻孔、对口、校正、制垫、加垫、上螺栓、紧固、试动。　　　　计量单位：个

定额编号				A7-3-3	A7-3-4	A7-3-5	A7-3-6
项目名称				圆形瓣式启动阀			
				直径(mm)			
				≤600	≤800	≤1000	≤1300
基价（元）				69.70	87.00	112.38	151.97
其中	人工费（元）			61.60	77.28	94.78	126.14
	材料费（元）			7.98	9.60	15.80	23.18
	机械费（元）			0.12	0.12	1.80	2.65
名称		单位	单价(元)	消耗量			
人工	综合工日	工日	140.00	0.440	0.552	0.677	0.901
材料	圆形瓣式启动阀	个	—	(1.000)	(1.000)	(1.000)	(1.000)
	六角螺栓带螺母 M10×75	10套	5.13	—	1.700	—	—
	六角螺栓带螺母 M12×75	10套	8.55	—	—	1.700	2.500
	六角螺栓带螺母 M8×75	10套	4.27	1.700	—	—	—
	橡胶板	kg	2.91	0.220	0.270	0.380	0.540
	其他材料费占材料费	%	—	1.000	1.000	1.000	1.000
机械	立式钻床 35mm	台班	10.59	—	—	0.170	0.250
	台式钻床 16mm	台班	4.07	0.030	0.030	—	—

工作内容：号孔、钻孔、对口、校正、制垫、加垫、上螺栓、紧固、试动。　　　　计量单位：个

定额编号				A7-3-7	A7-3-8	A7-3-9
项目名称				风管蝶阀		
				周长(mm)		
				≤800	≤1600	≤2400
基价（元）				14.77	23.43	43.65
其中	人工费（元）			12.60	18.06	31.36
	材料费（元）			2.05	2.72	8.27
	机械费（元）			0.12	2.65	4.02
名称		单位	单价(元)	消耗量		
人工	综合工日	工日	140.00	0.090	0.129	0.224
材料	蝶阀	个	—	(1.000)	(1.000)	(1.000)
	六角螺栓带螺母 M6×75	10套	1.71	1.000	1.200	—
	六角螺栓带螺母 M8×75	10套	4.27	—	—	1.700
	橡胶板	kg	2.91	0.110	0.220	0.320
	其他材料费占材料费	%	—	1.000	1.000	1.000
机械	立式钻床 35mm	台班	10.59	—	0.250	0.380
	台式钻床 16mm	台班	4.07	0.030	—	—

工作内容：号孔、钻孔、对口、校正、制垫、加垫、上螺栓、紧固、试动。　　　　　计量单位：个

定额编号				A7-3-10	A7-3-11
项目名称				风管蝶阀	
				周长(mm)	
				≤3200	≤4000
基价（元）				58.08	77.89
其中	人工费（元）			42.28	57.96
	材料费（元）			10.50	12.52
	机械费（元）			5.30	7.41
名称		单位	单价(元)	消耗量	
人工	综合工日	工日	140.00	0.302	0.414
材料	蝶阀	个	—	(1.000)	(1.000)
	六角螺栓带螺母 M8×75	10套	4.27	2.100	2.500
	橡胶板	kg	2.91	0.490	0.590
	其他材料费占材料费	%	—	1.000	1.000
机械	立式钻床 35mm	台班	10.59	0.500	0.700

工作内容：号孔、钻孔、对口、校正、制垫、加垫、上螺栓、紧固、试动。　　计量单位：个

定额编号				A7-3-12	A7-3-13	A7-3-14	A7-3-15
项目名称				圆、方形风管止回阀			
				周长(mm)			
				≤800	≤1200	≤2000	≤3200
基价（元）				**20.03**	**22.13**	**38.05**	**46.04**
其中	人工费（元）			14.98	16.94	25.90	30.24
	材料费（元）			2.40	2.54	8.13	10.50
	机械费（元）			2.65	2.65	4.02	5.30
名称		单位	单价(元)	消耗量			
人工	综合工日	工日	140.00	0.107	0.121	0.185	0.216
材料	风管止回阀	个	—	(1.000)	(1.000)	(1.000)	(1.000)
	六角螺栓带螺母 M6×75	10套	1.71	1.200	1.200	—	—
	六角螺栓带螺母 M8×75	10套	4.27	—	—	1.700	2.100
	橡胶板	kg	2.91	0.110	0.160	0.270	0.490
	其他材料费占材料费	%	—	1.000	1.000	1.000	1.000
机械	立式钻床 35mm	台班	10.59	0.250	0.250	0.380	0.500

工作内容：号孔、钻孔、对口、校正、制垫、加垫、上螺栓、紧固、试动。　　　　　　　　计量单位：个

定额编号				A7-3-16	A7-3-17	A7-3-18
项目名称				密闭式斜插板阀		
				直径(mm)		
				≤140	≤280	≤340
基价（元）				**13.49**	**15.85**	**18.89**
其中	人工费（元）			12.60	14.42	16.94
	材料费（元）			0.84	1.36	1.85
	机械费（元）			0.05	0.07	0.10
名称		**单位**	**单价(元)**	**消耗量**		
人工	综合工日	工日	140.00	0.090	0.103	0.121
材料	密闭式斜插板阀	个	—	(1.000)	(1.000)	(1.000)
	六角螺栓带螺母 M6×75	10套	1.71	0.400	0.600	0.800
	橡胶板	kg	2.91	0.050	0.110	0.160
	其他材料费占材料费	%	—	1.000	1.000	1.000
机械	台式钻床 16mm	台班	4.07	0.012	0.018	0.024

工作内容：号孔、钻孔、对口、校正、制垫、加垫、上螺栓、紧固、试动。　　计量单位：个

定额编号				A7-3-19	A7-3-20	A7-3-21
项目名称				对开多叶调节阀		
				周长(mm)		
				≤2800	≤4000	≤5200
基价（元）				**39.45**	**45.86**	**56.36**
其中	人工费（元）			27.16	30.24	36.26
	材料费（元）			8.27	10.32	12.69
	机械费（元）			4.02	5.30	7.41
名称		单位	单价(元)	消耗量		
人工	综合工日	工日	140.00	0.194	0.216	0.259
材料	对开多叶调节阀	个	—	(1.000)	(1.000)	(1.000)
	六角螺栓带螺母 M8×75	10套	4.27	1.700	2.100	2.500
	橡胶板	kg	2.91	0.320	0.430	0.650
	其他材料费占材料费	%	—	1.000	1.000	1.000
机械	立式钻床 35mm	台班	10.59	0.380	0.500	0.700

工作内容：号孔、钻孔、对口、校正、制垫、加垫、上螺栓、紧固、试动。　　计量单位：个

定额编号				A7-3-22	A7-3-23	A7-3-24
项目名称				对开多叶调节阀		
				周长(mm)		
				≤6500	≤8000	≤10000
基价（元）				**69.21**	**85.01**	**104.49**
其中	人工费（元）			43.54	52.08	62.58
	材料费（元）			16.18	20.71	26.33
	机械费（元）			9.49	12.22	15.58
名称		单位	单价(元)	消耗量		
人工	综合工日	工日	140.00	0.311	0.372	0.447
材料	对开多叶调节阀	个	—	(1.000)	(1.000)	(1.000)
	六角螺栓带螺母 M8×75	10套	4.27	3.200	4.120	5.253
	橡胶板	kg	2.91	0.810	1.000	1.250
	其他材料费占材料费	%	—	1.000	1.000	1.000
机械	立式钻床 35mm	台班	10.59	0.896	1.154	1.471

工作内容：号孔、钻孔、对口、校正、制垫、加垫、上螺栓、紧固、试动。　　计量单位：个

定额编号				A7-3-25	A7-3-26	A7-3-27	A7-3-28
项目名称				风管防火阀			
				周长(mm)			
				≤2200	≤3600	≤5400	≤8000
基价（元）				55.41	85.90	116.84	173.00
其中	人工费（元）			43.26	70.28	96.74	143.22
	材料费（元）			8.13	10.32	12.69	18.81
	机械费（元）			4.02	5.30	7.41	10.97
名称		单位	单价(元)	消耗量			
人工	综合工日	工日	140.00	0.309	0.502	0.691	1.023
材料	风管防火阀	个	—	(1.000)	(1.000)	(1.000)	(1.000)
	六角螺栓带螺母 M8×75	10套	4.27	1.700	2.100	2.500	3.700
	橡胶板	kg	2.91	0.270	0.430	0.650	0.970
	其他材料费占材料费	%	—	1.000	1.000	1.000	1.000
机械	立式钻床 35mm	台班	10.59	0.380	0.500	0.700	1.036

二、柔性软风管阀门安装

工作内容：号孔、钻孔、对口、校正、制垫、加垫、上螺栓、紧固。　　计量单位：个

定额编号				A7-3-29	A7-3-30	A7-3-31
项目名称				柔性软风管阀门		
				直径(mm)		
				≤150	≤250	≤500
基价（元）				2.38	2.94	4.76
其中	人工费（元）			2.38	2.94	4.76
	材料费（元）			—	—	—
	机械费（元）			—	—	—
	名称	单位	单价(元)	消耗量		
人工	综合工日	工日	140.00	0.017	0.021	0.034
材料	柔性软风管阀门	个	—	(1.000)	(1.000)	(1.000)

工作内容：号孔、钻孔、对口、校正、制垫、加垫、上螺栓、紧固。　　　　计量单位：个

定额编号				A7-3-32	A7-3-33
项目名称				柔性软风管阀门	
				直径(mm)	
				≤710	≤910
基价（元）				**6.02**	**8.40**
其中	人工费（元）			6.02	8.40
	材料费（元）			—	—
	机械费（元）			—	—
名称		**单位**	**单价(元)**	**消耗量**	
人工	综合工日	工日	140.00	0.043	0.060
材料	柔性软风管阀门	个	—	(1.000)	(1.000)

三、碳钢风口安装

工作内容：对口、上螺栓、制垫、加垫、找正、找平、固定、试动、调整。　　计量单位：个

定额编号				A7-3-34	A7-3-35	A7-3-36	A7-3-37
项目名称				百叶风口			
				周长(mm)			
				≤900	≤1280	≤1800	≤2500
基价（元）				**12.53**	**15.84**	**29.05**	**34.60**
其中	人工费（元）			9.80	12.46	24.36	28.14
	材料费（元）			2.61	3.26	4.57	6.34
	机械费（元）			0.12	0.12	0.12	0.12
名称		单位	单价(元)	消耗量			
人工	综合工日	工日	140.00	0.070	0.089	0.174	0.201
材料	百叶风口	个	—	(1.000)	(1.000)	(1.000)	(1.000)
	扁钢	kg	3.40	0.610	0.800	1.130	1.570
	带帽六角螺栓 M2～5×4～20	10套	0.85	0.600	0.600	0.800	1.110
	其他材料费占材料费	%	—	1.000	1.000	1.000	1.000
机械	台式钻床 16mm	台班	4.07	0.030	0.030	0.030	0.030

工作内容：对口、上螺栓、制垫、加垫、找正、找平、固定、试动、调整。　　　　计量单位：个

定额编号				A7-3-38	A7-3-39	A7-3-40	A7-3-41
项目名称				百叶风口			
				周长(mm)			
				≤3300	≤4800	≤6000	≤7000
基价（元）				**40.30**	**52.37**	**67.08**	**79.21**
其中	人工费（元）			31.92	41.44	53.48	63.28
	材料费（元）			8.26	10.81	13.48	15.77
	机械费（元）			0.12	0.12	0.12	0.16
名称		**单位**	**单价(元)**	**消耗量**			
人工	综合工日	工日	140.00	0.228	0.296	0.382	0.452
材料	百叶风口	个	—	(1.000)	(1.000)	(1.000)	(1.000)
	扁钢	kg	3.40	2.070	2.790	3.480	4.070
	带帽六角螺栓 M2～5×4～20	10套	0.85	1.341	1.432	1.784	2.090
	其他材料费占材料费	%	—	1.000	1.000	1.000	1.000
机械	台式钻床 16mm	台班	4.07	0.030	0.030	0.030	0.040

工作内容：对口、上螺栓、制垫、加垫、找正、找平、固定、试动、调整。　　　　　计量单位：个

定额编号				A7-3-42	A7-3-43	A7-3-44
项目名称				矩形送风口		
				周长(mm)		
				≤400	≤600	≤800
基价（元）				12.10	14.83	17.91
其中	人工费（元）			8.96	11.48	14.42
	材料费（元）			3.14	3.35	3.49
	机械费（元）			—	—	—
名称		单位	单价(元)	消耗量		
人工	综合工日	工日	140.00	0.064	0.082	0.103
材料	矩形送风口	个	—	(1.000)	(1.000)	(1.000)
	扁钢	kg	3.40	0.120	0.180	0.220
	垫圈 M2～8	10个	0.09	0.400	0.400	0.400
	六角螺栓带螺母 M8×75	10套	4.27	0.400	0.400	0.400
	铜蝶形螺母 M8	10个	2.40	0.400	0.400	0.400
	其他材料费占材料费	%	—	1.000	1.000	1.000

工作内容：对口、上螺栓、制垫、加垫、找正、找平、固定、试动、调整。　　　　计量单位：个

定额编号				A7-3-45	A7-3-46	A7-3-47
项目名称				矩形空气分布器		
				周长(mm)		
				≤1200	≤1500	≤2100
基价（元）				34.12	40.10	48.25
其中	人工费（元）			31.92	37.38	44.52
	材料费（元）			2.20	2.72	3.73
	机械费（元）			—	—	—
名称		单位	单价(元)	消耗量		
人工	综合工日	工日	140.00	0.228	0.267	0.318
材料	矩形空气分布器	个	—	(1.000)	(1.000)	(1.000)
	六角螺栓带螺母 M6×75	10套	1.71	1.000	1.200	1.700
	橡胶板	kg	2.91	0.160	0.220	0.270
	其他材料费占材料费	%	—	1.000	1.000	1.000

工作内容：对口、上螺栓、制垫、加垫、找正、找平、固定、试动、调整。　　　　　计量单位：个

定额编号				A7-3-48	A7-3-49
项目名称				旋转吹风口	
				直径(mm)	
				≤320	≤450
基价（元）				38.55	61.58
其中	人工费（元）			28.28	47.04
	材料费（元）			10.27	14.54
	机械费（元）			—	—
名称		单位	单价(元)	消耗量	
人工	综合工日	工日	140.00	0.202	0.336
材料	旋转吹风口	个	—	(1.000)	(1.000)
	六角螺母 M6～10	10个	0.77	0.600	0.600
	六角螺栓带螺母 M8×75	10套	4.27	0.600	0.600
	石棉橡胶板	kg	9.40	0.760	1.210
	其他材料费占材料费	%	—	1.000	1.000

工作内容：对口、上螺栓、制垫、加垫、找正、找平、固定、试动、调整。　　　　计量单位：个

定额编号				A7-3-50	A7-3-51	A7-3-52
项目名称				方形散流器		
				周长(mm)		
				≤500	≤1000	≤2000
基价（元）				**12.88**	**16.14**	**23.18**
其中	人工费（元）			12.04	14.98	21.70
	材料费（元）			0.84	1.16	1.48
	机械费（元）			—	—	—
名称		**单位**	**单价(元)**	**消耗量**		
人工	综合工日	工日	140.00	0.086	0.107	0.155
材料	散流器	个	—	(1.000)	(1.000)	(1.000)
	六角螺栓带螺母 M6×75	10套	1.71	0.400	0.400	0.400
	橡胶板	kg	2.91	0.050	0.160	0.270
	其他材料费占材料费	%	—	1.000	1.000	1.000

工作内容：对口、上螺栓、制垫、加垫、找正、找平、固定、试动、调整。　　　　计量单位：个

定额编号				A7-3-53	A7-3-54	A7-3-55
项目名称				圆形、流线形散流器		
				直径(mm)		
				≤200	≤360	≤500
基价（元）				**11.59**	**21.28**	**27.47**
其中	人工费（元）			10.92	20.44	26.46
	材料费（元）			0.67	0.84	1.01
	机械费（元）			—	—	—
名称		单位	单价(元)	消耗量		
人工	综合工日	工日	140.00	0.078	0.146	0.189
材料	散流器	个	—	(1.000)	(1.000)	(1.000)
	六角螺栓带螺母 M6×75	10套	1.71	0.300	0.400	0.400
	橡胶板	kg	2.91	0.050	0.050	0.110
	其他材料费占材料费	%	—	1.000	1.000	1.000

工作内容：对口、上螺栓、制垫、加垫、找正、找平、固定、试动、调整。　　　　计量单位：个

定额编号				A7-3-56	A7-3-57	A7-3-58
项目名称				带调节阀(过滤器)		
				百叶风口安装周长(mm)		
				≤800	≤1200	≤1800
基价（元）				23.53	27.92	42.56
其中	人工费（元）			19.04	22.40	34.30
	材料费（元）			4.49	5.52	8.26
	机械费（元）			—	—	—
名称		单位	单价(元)	消耗量		
人工	综合工日	工日	140.00	0.136	0.160	0.245
材料	带调节阀(过滤器)百叶风口	个	--	(1.000)	(1.000)	(1.000)
	镀锌角钢	kg	2.25	1.790	2.150	3.220
	橡胶板	kg	2.91	0.120	0.180	0.270
	自攻螺钉 M4×12	10个	0.09	0.728	1.144	1.664
	其他材料费占材料费	%	—	1.000	1.000	1.000

工作内容：对口、上螺栓、制垫、加垫、找正、找平、固定、试动、调整。　　　　计量单位：个

定额编号				A7-3-59	A7-3-60	A7-3-61
项目名称				带调节阀(过滤器)		
				百叶风口安装周长(mm)		
				≤2400	≤3200	≤4000
基价(元)				**56.82**	**76.17**	**87.11**
其中	人工费(元)			45.78	61.46	68.74
	材料费(元)			11.04	14.71	18.37
	机械费(元)			—	—	—
名称		单位	单价(元)	消耗量		
人工	综合工日	工日	140.00	0.327	0.439	0.491
材料	带调节阀(过滤器)百叶风口	个	—	(1.000)	(1.000)	(1.000)
	镀锌角钢	kg	2.25	4.300	5.730	7.160
	橡胶板	kg	2.91	0.360	0.480	0.600
	自攻螺钉 M4×12	10个	0.09	2.288	3.016	3.744
	其他材料费占材料费	%	—	1.000	1.000	1.000

工作内容：对口、上螺栓、制垫、加垫、找正、找平、固定、试动、调整。　　　　计量单位：个

定额编号				A7-3-62	A7-3-63	A7-3-64	A7-3-65
项目名称				带调节阀散流器安装(圆形)			
				直径(mm)			
				≤150	≤200	≤250	≤300
基价（元）				19.16	23.69	29.46	34.96
其中	人工费（元）			14.56	19.04	24.64	29.26
	材料费（元）			4.60	4.65	4.82	5.70
	机械费（元）			—	—	—	—
名称		单位	单价(元)	消耗量			
人工	综合工日	工日	140.00	0.104	0.136	0.176	0.209
材料	带调节阀散流器	个	—	(1.000)	(1.000)	(1.000)	(1.000)
	镀锌角钢	kg	2.25	1.790	1.790	1.790	2.150
	木螺钉 M4×65以下	10个	0.50	0.420	0.520	0.620	0.730
	橡胶板	kg	2.91	0.110	0.110	0.150	0.150
	其他材料费占材料费	%	—	1.000	1.000	1.000	1.000

工作内容：对口、上螺栓、制垫、加垫、找正、找平、固定、试动、调整。　　　　　计量单位：个

定额编号				A7-3-66	A7-3-67	A7-3-68	A7-3-69
项目名称				带调节阀散流器安装(圆形)			
				直径(mm)			
				≤350	≤400	≤450	≤500
基价（元）				**40.19**	**44.50**	**46.52**	**56.03**
其中	人工费（元）			34.30	36.12	37.80	44.80
	材料费（元）			5.89	8.38	8.72	11.23
	机械费（元）			—	—	—	—
名称		**单位**	**单价(元)**	**消耗量**			
人工	综合工日	工日	140.00	0.245	0.258	0.270	0.320
材料	带调节阀散流器	个	—	(1.000)	(1.000)	(1.000)	(1.000)
	镀锌角钢	kg	2.25	2.150	3.220	3.220	4.300
	木螺钉 M4×65以下	10个	0.50	0.830	0.940	1.040	1.140
	橡胶板	kg	2.91	0.200	0.200	0.300	0.300
	其他材料费占材料费	%	—	1.000	1.000	1.000	1.000

工作内容：对口、上螺栓、制垫、加垫、找正、找平、固定、试动、调整。　　　　计量单位：个

定额编号				A7-3-70	A7-3-71	A7-3-72	A7-3-73
项目名称				带调节阀散流器安装(方、矩形)			
				周长(mm)			
				≤800	≤1200	≤1800	≤2400
基价（元）				30.45	37.60	45.70	66.07
其中	人工费（元）			25.20	30.94	36.12	53.34
	材料费（元）			5.25	6.66	9.58	12.73
	机械费（元）			—	—	—	
名称		单位	单价(元)	消耗量			
人工	综合工日	工日	140.00	0.180	0.221	0.258	0.381
材料	带调节阀散流器	个	—	(1.000)	(1.000)	(1.000)	(1.000)
	镀锌角钢	kg	2.25	1.790	2.150	3.220	4.300
	木螺钉 M4×65以下	10个	0.50	0.830	1.250	1.460	2.080
	橡胶板	kg	2.91	0.260	0.390	0.520	0.650
	其他材料费占材料费	%	—	1.000	1.000	1.000	1.000

工作内容：对口、上螺栓、制垫、加垫、找正、找平、固定、试动、调整。 计量单位：个

定额编号				A7-3-74	A7-3-75	A7-3-76
项目名称				送吸风口		
				周长(mm)		
				≤1000	≤1600	≤2000
基价（元）				**18.12**	**20.12**	**23.52**
其中	人工费（元）			16.94	18.76	19.60
	材料费（元）			1.18	1.36	3.92
	机械费（元）			—	—	—
名称		**单位**	**单价(元)**	**消耗量**		
人工	综合工日	工日	140.00	0.121	0.134	0.140
材料	送吸风口	个	—	(1.000)	(1.000)	(1.000)
	六角螺栓带螺母 M6×75	10套	1.71	0.600	0.600	—
	六角螺栓带螺母 M8×75	10套	4.27	—	—	0.800
	橡胶板	kg	2.91	0.050	0.110	0.160
	其他材料费占材料费	%	—	1.000	1.000	1.000

工作内容：对口、上螺栓、制垫、加垫、找正、找平、固定、试动、调整。　　　　计量单位：个

定额编号				A7-3-77	A7-3-78	A7-3-79
项目名称				活动篦式风口		
				周长(mm)		
				≤1330	≤1910	≤2590
基价（元）				**21.67**	**25.50**	**32.17**
其中	人工费（元）			21.00	24.78	31.36
	材料费（元）			0.34	0.35	0.40
	机械费（元）			0.33	0.37	0.41
名称		单位	单价(元)	消耗量		
人工	综合工日	工日	140.00	0.150	0.177	0.224
材料	活动篦式风口	个	—	(1.000)	(1.000)	(1.000)
	半圆头螺钉 M4×6	10套	0.17	1.000	1.100	1.400
	铁铆钉	kg	4.70	0.020	0.020	0.020
	圆钢 φ10～14	kg	3.40	0.020	0.020	0.020
	其他材料费占材料费	%	—	1.000	1.000	1.000
机械	台式钻床 16mm	台班	4.07	0.080	0.090	0.100

工作内容：对口、上螺栓、制垫、加垫、找正、找平、固定、试动、调整。 计量单位：个

定额编号				A7-3-80	A7-3-81	A7-3-82	A7-3-83
项目名称				网式风口			
				周长(mm)			
				≤900	≤1500	≤2000	≤2600
基价（元）				**8.36**	**10.04**	**10.94**	**12.34**
其中	人工费（元）			7.84	9.52	10.08	11.48
	材料费（元）			0.52	0.52	0.86	0.86
	机械费（元）			—	—	—	—
名称		单位	单价(元)	消耗量			
人工	综合工日	工日	140.00	0.056	0.068	0.072	0.082
材料	网式风口	个	—	(1.000)	(1.000)	(1.000)	(1.000)
	带帽六角螺栓 M2～5×4～20	10套	0.85	0.600	0.600	1.000	1.000
	其他材料费占材料费	%	—	1.000	1.000	1.000	1.000

工作内容：对口、上螺栓、制垫、加垫、找正、找平、固定、试动、调整。 计量单位：个

定额编号				A7-3-84	A7-3-85	A7-3-86	A7-3-87
项目名称				钢百叶窗框内			
				面积(m²)			
				≤0.5	≤1.0	≤2.0	≤4.0
基价（元）				22.75	33.10	56.38	60.84
其中	人工费（元）			19.88	29.54	51.24	54.32
	材料费（元）			2.87	3.56	5.14	6.52
	机械费（元）			—	—	—	—
名称		单位	单价(元)	消耗量			
人工	综合工日	工日	140.00	0.142	0.211	0.366	0.388
材料	钢百叶窗	个	—	(1.000)	(1.000)	(1.000)	(1.000)
	扁钢	kg	3.40	0.210	0.310	0.410	0.510
	带帽六角螺栓 M2～5×4～20	10套	0.85	1.700	2.100	2.500	3.300
	六角螺栓带螺母 M6×75	10套	1.71	0.400	0.400	0.800	1.000
	木螺钉 M6×100	10个	2.05	—	—	0.100	0.100
	其他材料费占材料费	%	—	1.000	1.000	1.000	1.000

工作内容：开箱检查、除污锈、就位、上螺栓、固定、试动。　　　　　　　　　　　　　　计量单位：个

定额编号				A7-3-88	A7-3-89	A7-3-90	A7-3-91
项目名称				板式排烟口			
				周长(mm)			
				≤800	≤1280	≤1600	≤2000
基价（元）				14.66	18.30	21.36	24.81
其中	人工费（元）			14.42	18.06	21.00	24.08
	材料费（元）			0.24	0.24	0.36	0.73
	机械费（元）			—	—	—	—
名称		单位	单价(元)	消耗量			
人工	综合工日	工日	140.00	0.103	0.129	0.150	0.172
材料	板式排烟口	个	—	(1.000)	(1.000)	(1.000)	(1.000)
	六角螺栓带螺母 M6×75	10套	1.71	0.004	0.004	0.006	—
	六角螺栓带螺母 M8×75	套	0.43	—	—	—	0.062
	橡胶板	kg	2.91	0.080	0.080	0.120	0.240
	其他材料费占材料费	%	—	1.000	1.000	1.000	1.000

工作内容：开箱检查、除污锈、就位、上螺栓、固定、试动。　　计量单位：个

定额编号				A7-3-92	A7-3-93	A7-3-94
项目名称				板式排烟口		
				周长(mm)		
				≤2800	≤3200	≤4000
基价（元）				33.48	38.92	51.89
其中	人工费（元）			32.62	37.94	50.68
	材料费（元）			0.86	0.98	1.21
	机械费（元）			—	—	—
名称		单位	单价(元)	消耗量		
人工	综合工日	工日	140.00	0.233	0.271	0.362
材料	板式排烟口	个	—	(1.000)	(1.000)	(1.000)
	六角螺栓带螺母 M8×75	套	0.43	0.083	0.083	0.083
	橡胶板	kg	2.91	0.280	0.320	0.400
	其他材料费占材料费	%	—	1.000	1.000	1.000

工作内容：开箱检查、除污锈、就位、上螺栓、固定、试动。　　计量单位：个

定额编号				A7-3-95	A7-3-96	A7-3-97	A7-3-98
项目名称				多叶排烟口(送风口)			
				周长(mm)			
				≤1200	≤2000	≤2600	≤3200
基价（元）				12.86	13.27	14.56	16.20
其中	人工费（元）			10.92	10.92	12.04	13.30
	材料费（元）			1.82	2.23	2.40	2.78
	机械费（元）			0.12	0.12	0.12	0.12
名称		单位	单价(元)	消耗量			
人工	综合工日	工日	140.00	0.078	0.078	0.086	0.095
材料	多叶排烟口(送风口)	个	—	(1.000)	(1.000)	(1.000)	(1.000)
	半圆头螺栓带螺母 M5×15	10套	0.32	0.624	0.624	0.624	0.624
	扁钢	kg	3.40	0.470	0.590	0.640	0.750
	其他材料费占材料费	%	—	1.000	1.000	1.000	1.000
机械	台式钻床 16mm	台班	4.07	0.030	0.030	0.030	0.030

工作内容：开箱检查、除污锈、就位、上螺栓、固定、试动。　　　　　　　　　　　　计量单位：个

定额编号				A7-3-99	A7-3-100	A7-3-101	A7-3-102
项目名称				多叶排烟口(送风口)			
				周长(mm)			
				≤3800	≤4400	≤4800	≤5200
基价（元）				**17.59**	**19.43**	**20.41**	**21.42**
其中	人工费（元）			14.42	15.68	16.24	16.94
	材料费（元）			3.05	3.63	4.05	4.36
	机械费（元）			0.12	0.12	0.12	0.12
名称		**单位**	**单价(元)**	**消耗量**			
人工	综合工日	工日	140.00	0.103	0.112	0.116	0.121
材料	多叶排烟口(送风口)	个	—	(1.000)	(1.000)	(1.000)	(1.000)
	半圆头螺栓带螺母 M5×15	10套	0.32	0.624	0.832	0.832	0.832
	扁钢	kg	3.40	0.830	0.980	1.100	1.190
	其他材料费占材料费	%	—	1.000	1.000	1.000	1.000
机械	台式钻床 16mm	台班	4.07	0.030	0.030	0.030	0.030

四、不锈钢风口安装，法兰、吊托支架制作、安装

工作内容：制作：下料、号料、开孔、钻孔、组对、点焊、焊接成型、焊缝酸洗、钝化；安装：制垫、加垫、找平、找正、组对、固定。

计量单位：100kg

定额编号				A7-3-103
项目名称				不锈钢风口
基价（元）				1929.04
其中	人工费（元）			1440.04
	材料费（元）			13.21
	机械费（元）			475.79
	名称	单位	单价(元)	消耗量
人工	综合工日	工日	140.00	10.286
材料	板方材	m³	1800.00	0.003
	镀锌木螺钉 M6×100	10个	0.70	10.970
	其他材料费占材料费	%	—	1.000
机械	剪板机 6.3×2000mm	台班	243.71	1.400
	台式钻床 16mm	台班	4.07	8.500
	直流弧焊机 20kV·A	台班	71.43	1.400

工作内容：制作：下料、号料、开孔、钻孔、组对、点焊、焊接成型、焊缝酸洗、钝化；安装：制垫、加垫、找平、找正、组对、固定。
计量单位：100kg

定额编号				A7-3-104	A7-3-105
项目名称				不锈钢圆形法兰(手工氩弧焊、电焊)	
				≤5kg	>5kg
基价（元）				7736.72	4257.17
其中	人工费（元）			2071.58	758.80
	材料费（元）			2655.66	2473.00
	机械费（元）			3009.48	1025.37
名称		单位	单价(元)	消耗量	
人工	综合工日	工日	140.00	14.797	5.420
材料	不锈钢扁钢	kg	20.67	96.000	101.000
	不锈钢焊条	kg	38.46	6.300	3.100
	不锈钢六角螺栓带螺母 M6×50以下	10套	1.03	18.000	—
	不锈钢六角螺栓带螺母 M8×50以下	10套	2.56	—	6.370
	不锈钢氩弧焊丝 1Cr18Ni9Ti	kg	51.28	2.700	1.800
	耐酸橡胶板 δ3	kg	17.99	6.800	3.800
	氩气	m^3	19.59	6.300	3.300
	其他材料费占材料费	%	—	1.000	1.000
机械	等离子切割机 400A	台班	219.59	—	1.000
	法兰卷圆机 L40×4	台班	33.27	0.500	0.500
	立式钻床 35mm	台班	10.59	—	1.400
	普通车床 400×1000mm	台班	210.71	11.300	—
	普通车床 630×1400mm	台班	234.99	—	2.300
	台式钻床 16mm	台班	4.07	0.900	—
	氩弧焊机 500A	台班	92.58	4.100	1.600
	直流弧焊机 20kV·A	台班	71.43	3.200	1.200

工作内容：制作：下料、号料、开孔、钻孔、组对、点焊、焊接成型、焊缝酸洗、钝化；安装：制垫、加垫、找平、找正、组对、固定。

计量单位：100kg

定额编号				A7-3-106
项目名称				吊托支架
基价（元）				1166.50
其中	人工费（元）			357.70
	材料费（元）			786.56
	机械费（元）			22.24
名称		单位	单价(元)	消耗量
人工	综合工日	工日	140.00	2.555
材料	扁钢	kg	3.40	20.500
	不锈钢扁钢	kg	20.67	20.500
	不锈钢垫圈 M10～12	10个	2.39	4.630
	不锈钢焊条	kg	38.46	0.400
	不锈钢六角螺栓带螺母 M8×50以下	10套	2.56	2.320
	电	kW·h	0.68	0.052
	角钢 60	kg	3.61	63.000
	砂轮片	片	8.55	1.440
	氧气	m^3	3.63	1.788
	乙炔气	kg	10.45	0.639
	其他材料费占材料费	%	—	1.000
机械	台式钻床 16mm	台班	4.07	0.200
	直流弧焊机 20kV·A	台班	71.43	0.300

五、塑料散流器安装

工作内容：制垫、加垫、找正、连接、固定。　　　　计量单位：100kg

定额编号				A7-3-107	A7-3-108
项目名称				塑料直片式散流器	
				≤10kg	>10kg
基价（元）				1260.92	622.30
其中	人工费（元）			1183.70	588.70
	材料费（元）			70.26	30.43
	机械费（元）			6.96	3.17
名称		单位	单价(元)	消耗量	
人工	综合工日	工日	140.00	8.455	4.205
材料	垫圈 M2～8	10个	0.09	30.770	14.300
	开口销 1～5	10个	0.26	3.976	1.399
	六角螺栓带螺母 M8×75	10套	4.27	15.400	6.670
	其他材料费占材料费	%	—	1.000	1.000
机械	台式钻床 16mm	台班	4.07	1.710	0.780

六、塑料空气分布器安装

工作内容：制垫、加垫、找正、焊接、固定。　　　　计量单位：100kg

定额编号				A7-3-109	A7-3-110
项目名称				楔形空气分布器	
				网格式≤5kg	网格式＞5kg
基价（元）				703.66	432.55
其中	人工费（元）			627.48	388.50
	材料费（元）			76.18	44.05
	机械费（元）			—	—
名称		单位	单价(元)	消耗量	
人工	综合工日	工日	140.00	4.482	2.775
材料	垫圈 M2～8	10个	0.09	33.900	19.600
	六角螺栓带螺母 M8×75	10套	4.27	16.950	9.800
	其他材料费占材料费	%	—	1.000	1.000

工作内容：制垫、加垫、找正、焊接、固定。　　　　计量单位：100kg

定额编号				A7-3-111	A7-3-112
项目名称				楔形空气分布器	
				活动百叶式≤10kg	活动百叶式>10kg
基价（元）				607.40	363.94
其中	人工费（元）			564.48	341.74
	材料费（元）			42.92	22.20
	机械费（元）			—	—
名称		单位	单价(元)	消耗量	
人工	综合工日	工日	140.00	4.032	2.441
材料	垫圈 M2～8	10个	0.09	19.100	9.880
	六角螺栓带螺母 M8×75	10套	4.27	9.550	4.940
	其他材料费占材料费	%	—	1.000	1.000

工作内容：制垫、加垫、找正、焊接、固定。　　　　计量单位：100kg

定额编号				A7-3-113	A7-3-114	A7-3-115
项目名称				圆形空气分布器		矩形空气分布器
				≤10kg	>10kg	
基价（元）				**471.02**	**305.32**	**391.42**
其中	人工费（元）			412.86	282.94	364.14
	材料费（元）			58.16	22.38	27.28
	机械费（元）			—	—	—
名称		单位	单价(元)	消耗量		
人工	综合工日	工日	140.00	2.949	2.021	2.601
材料	垫圈 M2～8	10个	0.09	25.880	9.960	12.140
	六角螺栓带螺母 M8×75	10套	4.27	12.940	4.980	6.070
	其他材料费占材料费	%	—	1.000	1.000	1.000

七、铝制孔板口安装

工作内容：制垫、加垫、找正、找平、固定。　　　　计量单位：个

定额编号				A7-3-116	A7-3-117	A7-3-118	A7-3-119
项目名称				百叶风口			
				周长(mm)			
				≤900	≤1280	≤1800	≤2500
基价（元）				10.67	14.18	23.84	29.61
其中	人工费（元）			7.84	9.94	19.60	22.54
	材料费（元）			2.83	4.24	4.24	7.07
	机械费（元）			—	—	—	—
名称		单位	单价(元)	消耗量			
人工	综合工日	工日	140.00	0.056	0.071	0.140	0.161
材料	铝制孔板风口	个	—	(1.000)	(1.000)	(1.000)	(1.000)
	镀锌木螺钉 M6×100	10个	0.70	4.000	6.000	6.000	10.000
	其他材料费占材料费	%	—	1.000	1.000	1.000	1.000

工作内容：制垫、加垫、找正、找平、固定。　　　　计量单位：个

定额编号				A7-3-120	A7-3-121	A7-3-122	A7-3-123
项目名称				百叶风口			
				周长(mm)			
				≤3300	≤4800	≤6000	≤7000
基价（元）				**35.38**	**39.62**	**59.81**	**69.06**
其中	人工费（元）			25.48	25.48	42.84	50.68
	材料费（元）			9.90	14.14	16.97	18.38
	机械费（元）			—	—	—	—
名称		单位	单价(元)	消耗量			
人工	综合工日	工日	140.00	0.182	0.182	0.306	0.362
材料	铝制孔板风口	个	—	(1.000)	(1.000)	(1.000)	(1.000)
	镀锌木螺钉 M6×100	10个	0.70	14.000	20.000	24.000	26.000
	其他材料费占材料费	%	—	1.000	1.000	1.000	1.000

八、碳钢风帽制作、安装

1. 圆伞形风帽、锥形风帽制作、安装

工作内容：制作：放样、下料、卷制、咬口、制作法兰、零件、钻孔、铆焊、组装；安装：找正、找平、制垫、加垫、上螺栓、拉筝绳、固定。

计量单位：100kg

定额编号				A7-3-124	A7-3-125	A7-3-126
项目名称				圆伞形风帽		
				≤10kg	≤50kg	>50kg
基价（元）				1634.11	951.62	767.85
其中	人工费（元）			1110.20	449.26	273.00
	材料费（元）			504.70	493.62	488.78
	机械费（元）			19.21	8.74	6.07
名称		单位	单价(元)	消耗量		
人工	综合工日	工日	140.00	7.930	3.209	1.950
材料	扁钢	kg	3.40	13.890	8.780	8.350
	低碳钢焊条	kg	6.84	1.570	0.280	0.110
	垫圈 M2～8	10个	0.09	8.331	3.977	1.684
	角钢 60	kg	3.61	21.050	14.340	10.660
	六角螺栓带螺母 M8×75	10套	4.27	8.173	3.902	1.653
	热轧薄钢板 δ1.0～1.5	kg	3.93	82.740	96.060	101.500
	碳钢气焊条	kg	9.06	0.100	0.100	0.100
	橡胶板	kg	2.91	1.080	0.760	0.380
	氧气	m³	3.63	0.120	0.120	0.120
	乙炔气	kg	10.45	0.043	0.043	0.043
	圆钢 φ5.5～9	kg	3.40	—	1.960	2.150
	其他材料费占材料费	%	—	1.000	1.000	1.000
机械	法兰卷圆机 L40×4	台班	33.27	0.130	0.050	0.020
	交流弧焊机 21kV·A	台班	57.35	0.190	0.090	0.080
	台式钻床 16mm	台班	4.07	0.980	0.470	0.200

工作内容：制作：放样、下料、卷制、咬口、制作法兰、零件、钻孔、铆焊、组装；安装：找正、找平、制垫、加垫、上螺栓、拉筝绳、固定。

计量单位：100kg

定额编号				A7-3-127	A7-3-128	A7-3-129
项目名称				锥形风帽		
				≤25kg	≤100kg	>100kg
基价（元）				1360.15	1019.51	911.99
其中	人工费（元）			778.40	483.28	398.30
	材料费（元）			552.61	519.21	508.03
	机械费（元）			29.14	17.02	5.66
名称		单位	单价(元)	消耗量		
人工	综合工日	工日	140.00	5.560	3.452	2.845
材料	扁钢	kg	3.40	14.810	10.580	5.020
	低碳钢焊条	kg	6.84	1.380	0.790	0.280
	垫圈 M2～8	10个	0.09	5.590	3.125	0.960
	角钢 60	kg	3.61	6.380	5.440	4.170
	六角螺栓带螺母 M8×75	10套	4.27	5.485	3.066	0.967
	热轧薄钢板 δ1.0～1.5	kg	3.93	98.830	105.760	114.580
	碳钢气焊条	kg	9.06	2.110	1.180	0.700
	橡胶板	kg	2.91	3.780	0.270	0.160
	氧气	m³	3.63	2.970	1.710	1.040
	乙炔气	kg	10.45	1.061	0.609	0.370
	其他材料费占材料费	%	—	1.000	1.000	1.000
机械	法兰卷圆机 L40×4	台班	33.27	0.130	0.050	0.020
	交流弧焊机 21kV·A	台班	57.35	0.400	0.250	0.080
	台式钻床 16mm	台班	4.07	0.460	0.250	0.100

2.筒形风帽制作、安装

工作内容：制作：放样、下料、卷制、咬口、制作法兰、零件、钻孔、铆焊、组装；安装：找正、找平、制垫、加垫、上螺栓、拉筝绳、固定。 计量单位：100kg

定额编号				A7-3-130	A7-3-131	A7-3-132
项目名称				筒形风帽		
				≤50kg	≤100kg	＞100kg
基价（元）				**1016.07**	**677.07**	**664.09**
其中	人工费（元）			559.02	226.66	219.38
	材料费（元）			450.19	447.57	443.06
	机械费（元）			6.86	2.84	1.65
名称		**单位**	**单价(元)**	**消耗量**		
人工	综合工日	工日	140.00	3.993	1.619	1.567
材料	扁钢	kg	3.40	25.970	7.070	7.750
	低碳钢焊条	kg	6.84	0.010	0.010	0.010
	垫圈 M2～8	10个	0.09	17.290	3.231	2.391
	角钢 60	kg	3.61	7.270	17.890	16.630
	六角螺栓带螺母 M6×75	10套	1.71	16.923	—	—
	六角螺栓带螺母 M8×75	10套	4.27	—	3.698	2.738
	热轧薄钢板 δ1.0～1.5	kg	3.93	75.720	84.700	84.620
	碳钢气焊条	kg	9.06	0.070	0.080	0.060
	铁铆钉	kg	4.70	0.150	—	—
	橡胶板	kg	2.91	0.380	0.220	0.160
	氧气	m^3	3.63	0.080	0.100	0.070
	乙炔气	kg	10.45	0.030	0.035	0.026
	圆钢 φ5.5～9	kg	3.40	—	1.000	1.830
	其他材料费占材料费	%	—	1.000	1.000	1.000
机械	法兰卷圆机 L40×4	台班	33.27	0.140	0.040	0.020
	交流弧焊机 21kV·A	台班	57.35	0.010	0.010	0.010
	台式钻床 16mm	台班	4.07	0.400	0.230	0.100

3.风帽滴水盘制作、安装

工作内容：制作：放样、下料、卷制、咬口、铆焊、制法兰及零件、钻孔、组装；安装：找正、找平、加垫、上螺栓、固定。

计量单位：100kg

定额编号				A7-3-133	A7-3-134
项目名称				筒形风帽滴水盘	
				≤15kg	＞15kg
基价（元）				1618.92	1039.97
其中	人工费（元）			1062.60	527.10
	材料费（元）			539.01	503.66
	机械费（元）			17.31	9.21
名称		单位	单价(元)	消耗量	
人工	综合工日	工日	140.00	7.590	3.765
材料	扁钢	kg	3.40	12.230	7.130
	低碳钢焊条	kg	6.84	0.150	0.150
	焊接钢管 DN15	kg	3.38	1.160	0.310
	角钢 60	kg	3.61	21.120	18.120
	六角螺栓带螺母 M6×75	10套	1.71	23.305	7.927
	热轧薄钢板 δ1.0～1.5	kg	3.93	87.550	93.120
	碳钢气焊条	kg	9.06	1.400	0.300
	橡胶板	kg	2.91	0.590	0.590
	氧气	m³	3.63	1.710	0.360
	乙炔气	kg	10.45	0.610	0.130
	圆钢 φ5.5～9	kg	3.40	—	5.980
	其他材料费占材料费	%	—	1.000	1.000
机械	法兰卷圆机 L40×4	台班	33.27	0.280	0.110
	交流弧焊机 21kV·A	台班	57.35	0.040	0.040
	台式钻床 16mm	台班	4.07	1.400	0.800

4. 风帽筝绳、风帽泛水制作、安装

工作内容：制作：放样、下料、卷圆、咬口、焊接、钻孔、组装；安装：找正、找平、固定。

计量单位：100kg

定额编号				A7-3-135
项目名称				风帽筝绳
基价（元）				840.67
其中	人工费（元）			326.62
	材料费（元）			507.50
	机械费（元）			6.55
名称		单位	单价(元)	消耗量
人工	综合工日	工日	140.00	2.333
材料	扁钢	kg	3.40	43.200
	低碳钢焊条	kg	6.84	0.200
	垫圈 M10～20	10个	1.28	10.480
	花篮螺栓 M6×120	套	2.39	47.600
	六角螺栓带螺母 M8×75	10套	4.27	4.760
	圆钢 φ10～14	kg	3.40	60.800
	其他材料费占材料费	%	—	1.000
机械	交流弧焊机 21kV·A	台班	57.35	0.100
	台式钻床 16mm	台班	4.07	0.200

工作内容：制作：放样、下料、卷圆、咬口、焊接、钻孔、组装；安装：找正、找平、固定。

计量单位：m²

定额编号				A7-3-136
项目名称				风帽泛水
基价（元）				121.66
其中	人工费（元）			67.90
	材料费（元）			53.72
	机械费（元）			0.04
名称		单位	单价(元)	消耗量
人工	综合工日	工日	140.00	0.485
材料	扁钢	kg	3.40	1.780
	镀锌薄钢板 δ0.75	m²	25.60	1.420
	六角螺栓带螺母 M8×75	10套	4.27	0.400
	橡胶板	kg	2.91	2.700
	油灰	kg	0.81	1.500
	其他材料费占材料费	%	—	1.000
机械	台式钻床 16mm	台班	4.07	0.010

九、塑料风帽、伸缩节制作、安装

工作内容：制作：放样、锯切、坡口、制作法兰及零件、钻孔、组合成型；安装：制垫、加垫、上螺栓、拉筝绳、固定。

计量单位：100kg

定额编号				A7-3-137
项目名称				圆伞形风帽
基价（元）				3703.80
其中	人工费（元）			1978.90
	材料费（元）			1219.65
	机械费（元）			505.25
名称		单位	单价(元)	消耗量
人工	综合工日	工日	140.00	14.135
材料	垫圈 M2～8	10个	0.09	13.740
	聚氯乙烯板 δ2～30	kg	8.55	122.000
	六角螺栓带螺母 M8×75	10套	4.27	6.870
	软聚氯乙烯板 δ2～8	kg	8.55	2.300
	硬聚氯乙烯焊条	kg	20.77	5.500
	其他材料费占材料费	%	—	1.000
机械	电动空气压缩机 0.6m³/min	台班	37.30	7.200
	弓锯床 250mm	台班	24.28	0.300
	坡口机 2.8kW	台班	32.47	0.300
	台式钻床 16mm	台班	4.07	0.500
	箱式加热炉 45kW	台班	114.54	1.900

工作内容：制作：放样、锯切、坡口、制作法兰及零件、钻孔、组合成型；安装：制垫、加垫、上螺栓、拉筝绳、固定。

计量单位：100kg

定额编号				A7-3-138	A7-3-139	A7-3-140
项目名称				锥形风帽		
				≤20kg	≤40kg	>40kg
基价（元）				5203.37	3720.44	2914.23
其中	人工费（元）			3089.10	1985.34	1502.06
	材料费（元）			1225.69	1217.69	1137.73
	机械费（元）			888.58	517.41	274.44
名称		单位	单价(元)	消耗量		
人工	综合工日	工日	140.00	22.065	14.181	10.729
材料	垫圈 M10～20	10个	1.28	—	—	2.520
	垫圈 M2～8	10个	0.09	13.300	6.280	—
	聚氯乙烯板 δ2～30	kg	8.55	122.000	122.000	122.000
	六角螺栓带螺母 M10×75	10套	5.13	—	—	1.260
	六角螺栓带螺母 M8×75	10套	4.27	6.650	3.140	—
	软聚氯乙烯板 δ2～8	kg	8.55	1.900	1.100	0.600
	硬聚氯乙烯焊条	kg	20.77	6.000	6.700	3.300
	其他材料费占材料费	%	—	1.000	1.000	1.000
机械	电动空气压缩机 0.6m³/min	台班	37.30	10.800	8.700	5.200
	弓锯床 250mm	台班	24.28	0.400	0.300	0.200
	坡口机 2.8kW	台班	32.47	0.500	0.400	0.200
	台式钻床 16mm	台班	4.07	0.400	0.200	0.100
	箱式加热炉 45kW	台班	114.54	4.000	1.500	0.600

工作内容：制作：放样、锯切、坡口、制作法兰及零件、钻孔、组合成型；安装：制垫、加垫、上螺栓、拉筝绳、固定。

计量单位：100kg

定额编号				A7-3-141	A7-3-142	A7-3-143
项目名称				筒形风帽		
				≤20kg	≤40kg	>40kg
基价（元）				5207.67	3525.57	2916.39
其中	人工费（元）			3069.50	1828.68	1489.04
	材料费（元）			1249.59	1179.48	1152.91
	机械费（元）			888.58	517.41	274.44
名称		单位	单价(元)	消耗量		
人工	综合工日	工日	140.00	21.925	13.062	10.636
材料	垫圈 M2～8	10个	0.09	11.800	4.980	3.260
	聚氯乙烯板 δ2～30	kg	8.55	122.000	122.000	122.000
	六角螺栓带螺母 M8×75	10套	4.27	5.900	2.490	1.630
	软聚氯乙烯板 δ2～8	kg	8.55	1.900	0.900	0.700
	硬聚氯乙烯焊条	kg	20.77	7.300	5.100	4.100
	其他材料费占材料费	%	—	1.000	1.000	1.000
机械	电动空气压缩机 0.6m³/min	台班	37.30	10.800	8.700	5.200
	弓锯床 250mm	台班	24.28	0.400	0.300	0.200
	坡口机 2.8kW	台班	32.47	0.500	0.400	0.200
	台式钻床 16mm	台班	4.07	0.400	0.200	0.100
	箱式加热炉 45kW	台班	114.54	4.000	1.500	0.600

工作内容：制作：放样、锯切、坡口、制作套管及伸缩圈、加热成型、焊接；安装：找平、找正、连接、固定。

计量单位：m²

定额编号				A7-3-144	A7-3-145
项目名称				柔性接口及伸缩节	
				无法兰	有法兰
基价（元）				264.05	659.56
其中	人工费（元）			171.22	437.64
	材料费（元）			65.60	141.53
	机械费（元）			27.23	80.39
	名称	单位	单价(元)	消耗量	
人工	综合工日	工日	140.00	1.223	3.126
材料	垫圈 M10～20	10个	1.28	—	2.900
	垫圈 M2～8	10个	0.09	—	2.800
	聚氯乙烯板 δ2～30	kg	8.55	—	4.590
	六角螺栓带螺母 M10×75	10套	5.13	—	0.975
	六角螺栓带螺母 M12×75	10套	8.55	—	0.475
	六角螺栓带螺母 M8×75	10套	4.27	—	1.400
	软聚氯乙烯板 δ2～8	kg	8.55	6.260	7.220
	软聚氯乙烯焊条 ф4	kg	20.77	0.550	0.660
	硬聚氯乙烯焊条	kg	20.77	—	0.310
	其他材料费占材料费	%	—	1.000	1.000
机械	电动空气压缩机 0.6m³/min	台班	37.30	0.730	1.470
	弓锯床 250mm	台班	24.28	—	0.090
	坡口机 2.8kW	台班	32.47	—	0.100
	台式钻床 16mm	台班	4.07	—	0.160
	箱式加热炉 45kW	台班	114.54	—	0.170

十、铝板风帽、法兰制作、安装

工作内容：制作：下料、平料、开孔、钻孔、组对、焊铆、攻丝、清洗焊口、组装固定、试动、短管、零件、试漏；安装：制垫、加垫、找平、找正、组对、固定。　　计量单位：100kg

定额编号				A7-3-146
项目名称				圆伞形风帽
基价（元）				2356.64
其中	人工费（元）			1162.42
	材料费（元）			1107.62
	机械费（元）			86.60
名称		单位	单价(元)	消耗量
人工	综合工日	工日	140.00	8.303
材料	铝板(各种规格)	kg	3.88	71.470
	铝带 -59以内	kg	24.21	30.190
	铝垫圈 M10～16	10个	6.67	8.331
	铝焊粉	kg	31.21	0.150
	铝焊 丝301	kg	29.91	0.100
	铝六角螺栓带螺母 M6～10×25	套	0.26	81.730
	橡胶板	kg	2.91	1.080
	氧气	m^3	3.63	0.110
	乙炔气	kg	10.45	0.040
	其他材料费占材料费	%	—	1.000
机械	卷板机 2×1600mm	台班	236.04	0.350
	台式钻床 16mm	台班	4.07	0.980

工作内容：制作：下料、平料、开孔、钻孔、组对、焊铆、攻丝、清洗焊口、组装固定、试动、短管、零件、试漏；安装：制垫、加垫、找平、找正、组对、固定。 计量单位：100kg

定额编号				A7-3-147	A7-3-148
项目名称				圆形法兰(气焊、手工氩弧焊)	
				≤3kg	>3kg
基价（元）				9464.93	4170.74
其中	人工费（元）			3435.18	1280.02
	材料费（元）			1823.36	1518.55
	机械费（元）			4206.39	1372.17
名称		单位	单价(元)	消耗量	
人工	综合工日	工日	140.00	24.537	9.143
材料	铝板(各种规格)	kg	3.88	220.000	234.000
	铝焊粉	kg	31.21	2.800	2.100
	铝焊 丝301	kg	29.91	4.700	4.600
	铝六角螺栓带螺母 M6～10×25	套	0.26	370.400	135.400
	耐酸橡胶板 δ3	kg	17.99	13.800	7.400
	氩气	m³	19.59	13.000	7.000
	氧气	m³	3.63	16.910	11.820
	乙炔气	kg	10.45	6.040	4.220
	其他材料费占材料费	%	—	1.000	1.000
机械	剪板机 6.3×2000mm	台班	243.71	3.700	0.800
	立式钻床 35mm	台班	10.59	—	2.900
	普通车床 400×1000mm	台班	210.71	12.000	—
	普通车床 630×1400mm	台班	234.99	—	3.500
	台式钻床 16mm	台班	4.07	1.900	—
	氩弧焊机 500A	台班	92.58	8.300	3.500

工作内容：制作：下料、平料、开孔、钻孔、组对、焊铆、攻丝、清洗焊口、组装固定、试动、短管、零件、试漏；安装：制垫、加垫、找平、找正、组对、固定。 计量单位：100kg

定额编号				A7-3-149	A7-3-150
项目名称				矩形法兰(气焊、手工氩弧焊)	
				≤3kg	＞3kg
基价（元）				7810.38	5794.57
其中	人工费（元）			3376.52	1299.62
	材料费（元）			3516.50	4077.01
	机械费（元）			917.36	417.94
名称		单位	单价(元)	消耗量	
人工	综合工日	工日	140.00	24.118	9.283
材料	铝带 -59以内	kg	24.21	82.700	89.600
	铝焊粉	kg	31.21	8.200	7.100
	铝焊 丝301	kg	29.91	17.800	19.200
	铝六角螺栓带螺母 M6～10×25	套	0.26	684.900	269.400
	耐酸橡胶板 δ3	kg	17.99	23.600	15.900
	氩气	m³	19.59	3.100	27.600
	氧气	m³	3.63	3.780	23.740
	乙炔气	kg	10.45	1.350	8.480
	其他材料费占材料费	%	—	1.000	1.000
机械	立式钻床 35mm	台班	10.59	2.700	1.000
	氩弧焊机 500A	台班	92.58	9.600	4.400

十一、玻璃钢风帽安装

工作内容：组对、组装就位、找平、找正、制垫、加垫、上螺栓、拉筝绳、固定。　　计量单位：100kg

定额编号				A7-3-151	A7-3-152	A7-3-153	A7-3-154
项目名称				圆伞形风帽		锥形风帽	
				≤10kg	＞10kg	≤25kg	＞25kg
基价（元）				**380.01**	**158.74**	**262.70**	**161.06**
其中	人工费（元）			325.92	132.02	228.62	141.82
	材料费（元）			49.41	24.48	31.88	18.06
	机械费（元）			4.68	2.24	2.20	1.18
名称		**单位**	**单价(元)**	**消耗量**			
人工	综合工日	工日	140.00	2.328	0.943	1.633	1.013
材料	玻璃钢管道部件	100kg	—	(1.000)	(1.000)	(1.000)	(1.000)
	六角螺栓带螺母 M8×75	10套	4.27	10.570	5.050	7.100	3.970
	橡胶板	kg	2.91	1.300	0.920	0.430	0.320
	其他材料费占材料费	%	—	1.000	1.000	1.000	1.000
机械	台式钻床 16mm	台班	4.07	1.150	0.550	0.540	0.290

工作内容：组对、组装就位、找平、找正、制垫、加垫、上螺栓、拉筝绳、固定。　　计量单位：100kg

定额编号				A7-3-155	A7-3-156
项目名称				筒形风帽	
				≤50kg	＞50kg
基价（元）				211.22	91.65
其中	人工费（元）			164.64	66.22
	材料费（元）			39.86	21.60
	机械费（元）			6.72	3.83
名称		单位	单价(元)	消耗量	
人工	综合工日	工日	140.00	1.176	0.473
材料	玻璃钢管道部件	100kg	—	(1.000)	(1.000)
	六角螺栓带螺母 M8×75	10套	4.27	8.950	4.790
	橡胶板	kg	2.91	0.430	0.320
	其他材料费占材料费	%	—	1.000	1.000
机械	台式钻床 16mm	台班	4.07	1.650	0.940

十二、碳钢罩类制作、安装

工作内容：制作：放样、下料、卷圆、制作罩体、来回弯、零件、法兰、钻孔、铆焊、组合成型；安装：埋设支架、吊装、对口、找正、制垫、加垫、上螺栓、固定配重环及钢丝绳。

计量单位：100kg

定额编号				A7-3-157	A7-3-158	A7-3-159
项目名称				皮带防护罩		电机防雨罩
				B式	C式	T110
基价（元）				3282.08	2434.39	1098.77
其中	人工费（元）			2671.76	1930.60	498.26
	材料费（元）			508.94	457.58	556.89
	机械费（元）			101.38	46.21	43.62
名称		单位	单价(元)	消耗量		
人工	综合工日	工日	140.00	19.084	13.790	3.559
材料	扁钢	kg	3.40	31.300	20.000	—
	低碳钢焊条	kg	6.84	5.300	2.700	1.100
	镀锌钢丝网 φ2.5×67×67～φ3×50×50	m²	10.68	8.600	4.100	—
	钢板 δ4.5～7	kg	3.18	—	—	28.200
	角钢 60	kg	3.61	64.700	12.300	—
	六角螺栓带蝶形螺母 M10×60	10套	4.27	2.300	—	—
	六角螺栓带蝶形螺母 M6×30	10套	0.85	12.090	—	—
	六角螺栓带螺母 M10×75	10套	5.13	—	1.240	—
	六角螺栓带螺母 M6×75	10套	1.71	—	3.720	—
	六角螺栓带螺母 M8×75	10套	4.27	—	—	3.314
	热轧薄钢板 δ1.0～1.5	kg	3.93	—	65.700	98.230
	热轧薄钢板 δ3.5～4.0	kg	3.93	4.000	1.900	—
	碳钢气焊条	kg	9.06	—	—	3.000
	氧气	m³	3.63	—	—	3.640
	乙炔气	kg	10.45	—	—	1.300
	其他材料费占材料费	%	—	1.000	1.000	1.000
机械	交流弧焊机 21kV·A	台班	57.35	1.750	0.800	0.750
	台式钻床 16mm	台班	4.07	0.250	0.080	0.150

工作内容：制作：放样、下料、卷圆、制作罩体、来回弯、零件、法兰、钻孔、铆焊、组合成型；安装：埋设支架、吊装、对口、找正、制垫、加垫、上螺栓、固定配重环及钢丝绳。

定额编号				A7-3-160	A7-3-161
项目名称				侧吸罩	
				上吸式	下吸式
基价（元）				1047.23	943.89
其中	人工费（元）			581.84	470.82
	材料费（元）			454.68	462.36
	机械费（元）			10.71	10.71
名称		单位	单价(元)	消耗量	
人工	综合工日	工日	140.00	4.156	3.363
材料	扁钢	kg	3.40	1.900	1.330
	低碳钢焊条	kg	6.84	0.400	0.400
	角钢 60	kg	3.61	40.200	34.820
	六角螺栓 M8×20	10个	0.85	—	1.211
	六角螺栓带螺母 M6×75	10套	1.71	5.518	2.725
	六角螺栓带螺母 M8×75	10套	4.27	1.698	2.422
	热轧薄钢板 δ1.0～1.5	kg	3.93	70.930	78.490
	铁铆钉	kg	4.70	0.090	0.070
	其他材料费占材料费	%	—	1.000	1.000
机械	法兰卷圆机 L40×4	台班	33.27	0.080	0.080
	交流弧焊机 21kV·A	台班	57.35	0.080	0.080
	台式钻床 16mm	台班	4.07	0.850	0.850

工作内容：制作：放样、下料、卷圆、制作罩体、来回弯、零件、法兰、钻孔、铆焊、组合成型；安装：埋设支架、吊装、对口、找正、制垫、加垫、上螺栓、固定配重环及钢丝绳。

定额编号				A7-3-162	A7-3-163
项目名称				中、小型零件焊接台排气罩	整体、分组式槽边侧吸罩
基价（元）				1275.68	1345.57
其中	人工费（元）			799.96	804.58
	材料费（元）			468.49	497.65
	机械费（元）			7.23	43.34
名称		单位	单价(元)	消耗量	
人工	综合工日	工日	140.00	5.714	5.747
材料	低碳钢焊条	kg	6.84	0.900	1.200
	角钢 60	kg	3.61	26.810	10.430
	六角螺栓 M8×20	10个	0.85	3.257	—
	六角螺栓带螺母 M6×75	10套	1.71	—	2.240
	热轧薄钢板 δ1.0～1.5	kg	3.93	89.180	—
	热轧薄钢板 δ2.0～2.5	kg	3.93	—	99.140
	石棉橡胶板	kg	9.40	0.700	—
	铁铆钉	kg	4.70	0.230	—
	橡胶板	kg	2.91	—	0.500
	氧气	m³	3.63	—	7.060
	乙炔气	kg	10.45	—	2.520
	其他材料费占材料费	%	—	1.000	1.000
机械	交流弧焊机 21kV·A	台班	57.35	0.080	0.750
	台式钻床 16mm	台班	4.07	0.650	0.080

工作内容：制作：放样、下料、卷圆、制作罩体、来回弯、零件、法兰、钻孔、铆焊、组合成型；安装：埋设支架、吊装、对口、找正、制垫、加垫、上螺栓、固定配重环及钢丝绳。

定额编号				A7-3-164	A7-3-165	A7-3-166
项目名称				吹、吸式槽边通风罩	各型风罩调节阀	条缝槽边抽风罩
基价（元）				1364.80	1462.45	1434.46
其中	人工费（元）			814.52	690.34	815.64
	材料费（元）			503.79	401.45	572.33
	机械费（元）			46.49	370.66	46.49
名称		单位	单价（元）	消耗量		
人工	综合工日	工日	140.00	5.818	4.931	5.826
材料	扁钢	kg	3.40	—	2.170	—
	低碳钢焊条	kg	6.84	1.600	2.700	5.900
	垫圈 M10～20	10个	1.28	—	1.700	—
	垫圈 M2～8	10个	0.09	—	3.400	—
	角钢 60	kg	3.61	11.480	48.700	8.680
	六角螺母 M6～10	10个	0.77	—	0.850	—
	六角螺栓带螺母 M6×75	10套	1.71	3.370	3.336	—
	六角螺栓带螺母 M8×75	10套	4.27	—	0.834	—
	热轧薄钢板 δ2.0～2.5	kg	3.93	97.990	35.340	—
	热轧薄钢板 δ2.6～3.2	kg	3.93	—	—	111.810
	橡胶板	kg	2.91	0.600	2.300	0.600
	氧气	m^3	3.63	7.310	4.260	7.310
	乙炔气	kg	10.45	2.610	1.520	2.610
	圆钢 φ15～24	kg	3.40	—	1.910	—
	其他材料费占材料费	%	—	1.000	1.000	1.000
机械	交流弧焊机 21kV·A	台班	57.35	0.800	1.500	0.800
	普通车床 400×1000mm	台班	210.71	—	0.350	—
	台式钻床 16mm	台班	4.07	0.150	0.650	0.150
	卧式铣床 400×1600mm	台班	260.30	—	0.800	—

工作内容：制作：放样、下料、卷圆、制作罩体、来回弯、零件、法兰、钻孔、铆焊、组合成型；安装：埋设支架、吊装、对口、找正、制垫、加垫、上螺栓、固定配重环及钢丝绳。

定额编号				A7-3-167	A7-3-168
项目名称				泥心烘炉	升降式回转
				排气罩	
基价（元）				1333.56	2819.56
其中	人工费（元）			868.56	2392.88
	材料费（元）			439.19	425.26
	机械费（元）			25.81	1.42
	名称	单位	单价(元)	消耗量	
人工	综合工日	工日	140.00	6.204	17.092
材料	扁钢	kg	3.40	—	19.220
	槽钢	kg	3.20	39.560	—
	低碳钢焊条	kg	6.84	0.100	—
	镀锌六角螺母 M10	10个	0.60	1.678	—
	角钢 60	kg	3.61	25.100	25.040
	角钢 63	kg	3.61	3.020	—
	六角螺母 M6～10	10个	0.77	—	2.922
	六角螺栓 M10×25	10个	0.43	—	0.956
	普通石棉布	kg	5.56	9.100	—
	热轧薄钢板 δ1.0～1.5	kg	3.93	39.300	63.830
	铁铆钉	kg	4.70	—	0.350
	铜蝶形螺母 M8	10个	2.40	—	0.488
	圆钢 φ10～14	kg	3.40	—	2.400
	圆钢 φ5.5～9	kg	3.40	—	0.240
	其他材料费占材料费	%	—	1.000	1.000
机械	交流弧焊机 21kV·A	台班	57.35	0.450	—
	台式钻床 16mm	台班	4.07	—	0.350

工作内容：制作：放样、下料、卷圆、制作罩体、来回弯、零件、法兰、钻孔、铆焊、组合成型；安装：埋设支架、吊装、对口、找正、制垫、加垫、上螺栓、固定配重环及钢丝绳。

定额编号				A7-3-169	A7-3-170
项目名称				上、下吸式圆形回转罩	
				墙上、混凝土柱上	钢柱上
基价（元）				954.91	713.19
其中	人工费（元）			531.58	243.04
	材料费（元）			420.17	464.53
	机械费（元）			3.16	5.62
名称		单位	单价(元)	消耗量	
人工	综合工日	工日	140.00	3.797	1.736
材料	扁钢	kg	3.40	0.740	0.370
	槽钢	kg	3.20	3.880	35.710
	低碳钢焊条	kg	6.84	0.200	0.200
	焊接钢管 DN25	kg	3.38	1.650	—
	角钢 60	kg	3.61	41.390	16.210
	角钢 63	kg	3.61	17.390	1.460
	开口销 1～5	10个	0.26	0.086	—
	六角螺栓带螺母 M8×75	10套	4.27	0.759	0.387
	热轧薄钢板 δ1.0～1.5	kg	3.93	45.300	23.090
	热轧厚钢板 δ8.0～20	kg	3.20	—	35.430
	现浇混凝土 C15	m^3	281.42	—	0.260
	圆钢 φ15～24	kg	3.40	0.190	0.090
	其他材料费占材料费	%	—	1.000	1.000
机械	法兰卷圆机 L40×4	台班	33.27	0.020	0.020
	交流弧焊机 21kV·A	台班	57.35	0.040	0.080
	台式钻床 16mm	台班	4.07	0.050	0.090

工作内容：制作：放样、下料、卷圆、制作罩体、来回弯、零件、法兰、钻孔、铆焊、组合成型；安装：埋设支架、吊装、对口、找正、制垫、加垫、上螺栓、固定配重环及钢丝绳。

定额编号				A7-3-171	A7-3-172
项目名称				升降式	手锻炉
				排气罩	
基价（元）				883.12	821.68
其中	人工费（元）			452.48	353.92
	材料费（元）			339.75	440.09
	机械费（元）			90.89	27.67
名称		单位	单价(元)	消耗量	
人工	综合工日	工日	140.00	3.232	2.528
材料	扁钢	kg	3.40	4.750	0.120
	低碳钢焊条	kg	6.84	0.100	1.100
	垫圈 M10～20	10个	1.28	0.375	—
	钢丝绳 φ4.2	kg	3.85	0.430	—
	角钢 60	kg	3.61	9.060	9.950
	开口销 1～5	10个	0.26	0.375	—
	六角螺母 M6～10	10个	0.77	0.375	—
	热轧薄钢板 δ1.0～1.5	kg	3.93	21.870	—
	热轧薄钢板 δ2.0～2.5	kg	3.93	28.900	99.230
	橡胶板	kg	2.91	—	0.540
	圆钢 φ10～14	kg	3.40	0.880	—
	圆钢 φ32以外	kg	3.40	1.480	—
	圆钢 φ5.5～9	kg	3.40	0.980	0.100
	铸铁	kg	1.83	40.130	—
	其他材料费占材料费	%	—	1.000	1.000
机械	法兰卷圆机 L40×4	台班	33.27	0.050	0.050
	交流弧焊机 21kV·A	台班	57.35	0.450	0.450
	普通车床 400×1000mm	台班	210.71	0.300	—
	台式钻床 16mm	台班	4.07	0.050	0.050

十三、塑料风罩制作、安装

工作内容：制作：放样、锯切、坡口、加热成型、制作短管、零件及法兰、钻孔、焊接、组合成型；安装：制垫、加垫、找正、紧固。

计量单位：100kg

定额编号				A7-3-173	A7-3-174
项目名称				槽边侧吸罩	
				分组式	整体式
基价（元）				5385.49	4200.58
其中	人工费（元）			3422.16	2462.18
	材料费（元）			1308.89	1288.35
	机械费（元）			654.44	450.05
名称		单位	单价(元)	消耗量	
人工	综合工日	工日	140.00	24.444	17.587
材料	垫圈 M2～8	10个	0.09	33.230	26.360
	聚氯乙烯板 δ2～30	kg	8.55	116.000	122.000
	六角螺栓带螺母 M8×75	10套	4.27	15.820	13.180
	软聚氯乙烯板 δ2～8	kg	8.55	5.700	4.300
	硬聚氯乙烯焊条	kg	20.77	8.900	6.600
	其他材料费占材料费	%	—	1.000	1.000
机械	电动空气压缩机 0.6m³/min	台班	37.30	12.300	9.000
	弓锯床 250mm	台班	24.28	0.300	0.200
	坡口机 2.8kW	台班	32.47	0.800	0.500
	台式钻床 16mm	台班	4.07	0.500	0.400
	箱式加热炉 45kW	台班	114.54	1.400	0.800

工作内容：制作：放样、锯切、坡口、加热成型、制作短管、零件及法兰、钻孔、焊接、组合成型；安装：制垫、加垫、找正、紧固。

计量单位：100kg

定额编号				A7-3-175	A7-3-176
项目名称				槽边风罩(吹)	槽边风罩(吸)
基价（元）				**5160.43**	**4040.31**
其中	人工费（元）			3124.38	2403.38
	材料费（元）			1381.61	1186.88
	机械费（元）			654.44	450.05
名称		单位	单价(元)	消耗量	
人工	综合工日	工日	140.00	22.317	17.167
材料	垫圈 M2～8	10个	0.09	48.800	22.420
	聚氯乙烯板 δ2～30	kg	8.55	116.000	116.000
	六角螺栓带螺母 M8×75	10套	4.27	24.400	10.760
	软聚氯乙烯板 δ2～8	kg	8.55	7.000	3.200
	硬聚氯乙烯焊条	kg	20.77	10.000	5.200
	其他材料费占材料费	%	—	1.000	1.000
机械	电动空气压缩机 0.6m³/min	台班	37.30	12.300	9.000
	弓锯床 250mm	台班	24.28	0.300	0.200
	坡口机 2.8kW	台班	32.47	0.800	0.500
	台式钻床 16mm	台班	4.07	0.500	0.400
	箱式加热炉 45kW	台班	114.54	1.400	0.800

工作内容：制作：放样、锯切、坡口、加热成型、制作短管、零件及法兰、钻孔、焊接、组合成型；安装：制垫、加垫、找正、紧固。

计量单位：100kg

定额编号				A7-3-177	A7-3-178	A7-3-179
项目名称				条缝槽边抽风罩		
				周边	单侧	双侧
基价（元）				3674.53	3825.87	3497.83
其中	人工费（元）			2063.74	2148.58	1880.90
	材料费（元）			1161.55	1228.05	1167.69
	机械费（元）			449.24	449.24	449.24
名称		单位	单价(元)	消耗量		
人工	综合工日	工日	140.00	14.741	15.347	13.435
材料	垫圈 M2～8	10个	0.09	9.890	20.000	9.320
	聚氯乙烯板 δ2～30	kg	8.55	116.000	116.000	116.000
	六角螺栓带螺母 M8×75	10套	4.27	4.950	10.000	4.440
	软聚氯乙烯板 δ2～8	kg	8.55	1.600	4.000	1.600
	硬聚氯乙烯焊条	kg	20.77	5.900	7.000	6.300
	其他材料费占材料费	%	—	1.000	1.000	1.000
机械	电动空气压缩机 0.6m³/min	台班	37.30	9.000	9.000	9.000
	弓锯床 250mm	台班	24.28	0.200	0.200	0.200
	坡口机 2.8kW	台班	32.47	0.500	0.500	0.500
	台式钻床 16mm	台班	4.07	0.200	0.200	0.200
	箱式加热炉 45kW	台班	114.54	0.800	0.800	0.800

工作内容：制作：放样、锯切、坡口、加热成型、制作短管、零件及法兰、钻孔、焊接、组合成型；安装：制垫、加垫、找正、紧固。

计量单位：100kg

定额编号				A7-3-180
项目名称				各型风罩 调节阀
基价（元）				6238.11
其中	人工费（元）			3395.98
	材料费（元）			1624.28
	机械费（元）			1217.85
名称		单位	单价（元）	消耗量
人工	综合工日	工日	140.00	24.257
材料	垫圈 M2～8	10个	0.09	65.480
	聚氯乙烯板 δ2～30	kg	8.55	116.000
	六角螺栓带蝶形螺母 M8×30	10套	2.14	2.980
	六角螺栓带螺母 M8×75	10套	4.27	29.760
	软聚氯乙烯板 δ2～8	kg	8.55	19.600
	硬聚氯乙烯焊条	kg	20.77	14.900
	其他材料费占材料费	%	—	1.000
机械	电动空气压缩机 0.6m³/min	台班	37.30	12.300
	弓锯床 250mm	台班	24.28	0.300
	坡口机 2.8kW	台班	32.47	0.800
	普通车床 400×1000mm	台班	210.71	3.000
	台式钻床 16mm	台班	4.07	0.500
	箱式加热炉 45kW	台班	114.54	0.800

十四、消声器安装

1.微穿孔板消声器安装

工作内容：吊托直接制作安装、组对、安装、找正、找平、制垫、上螺栓、固定。　　　　计量单位：节

定额编号				A7-3-181	A7-3-182	A7-3-183
项目名称				微穿孔板消声器安装		
				周长(mm)		
				≤1800	≤2400	≤3200
基价（元）				**137.91**	**180.73**	**246.23**
其中	人工费（元）			84.42	119.84	153.30
	材料费（元）			53.49	60.89	92.93
	机械费（元）			—	—	—
名称		**单位**	**单价(元)**	**消耗量**		
人工	综合工日	工日	140.00	0.603	0.856	1.095
材料	镀锌六角螺栓带螺母 M8×16～25	套	0.30	13.520	17.580	23.920
	角钢 60	kg	3.61	8.130	9.590	14.130
	六角螺母 M12～16	10个	1.71	—	—	0.424
	六角螺母 M6～10	10个	0.77	0.424	0.424	—
	膨胀螺栓 M10	10套	2.50	0.416	0.416	—
	膨胀螺栓 M12	套	0.73	—	—	4.160
	橡胶板	kg	2.91	0.410	0.695	0.985
	圆钢(综合)	t	3400.00	0.005	0.005	0.008
	其他材料费占材料费	%	—	1.000	1.000	1.000

工作内容：吊托直接制作安装、组对、安装、找正、找平、制垫、上螺栓、固定。　　　　计量单位：节

定额编号				A7-3-184	A7-3-185	A7-3-186
项目名称				微穿孔板消声器安装		
				周长(mm)		
				≤4000	≤5000	≤6000
基价（元）				355.79	433.44	502.61
其中	人工费（元）			204.68	260.54	320.04
	材料费（元）			151.11	172.90	182.57
	机械费（元）			—	—	—
名称		单位	单价(元)	消耗量		
人工	综合工日	工日	140.00	1.462	1.861	2.286
材料	槽钢	kg	3.20	31.570	35.750	38.170
	镀锌六角螺栓带螺母 M8×16～25	套	0.30	31.200	37.440	41.600
	六角螺母 M12～16	10个	1.71	0.424	0.424	0.424
	膨胀螺栓 M12	套	0.73	4.160	4.160	4.160
	橡胶板	kg	2.91	1.370	1.825	2.026
	圆钢 φ10～14	kg	3.40	9.260	10.730	10.730
	其他材料费占材料费	%	—	1.000	1.000	1.000

2. 阻抗式消声器安装

工作内容：吊托支架制作安装、组对、安装、找正、找平、制垫、上螺栓、固定。　　　　计量单位：节

定额编号				A7-3-187	A7-3-188	A7-3-189
项目名称				阻抗式消声器安装		
				周长(mm)		
				≤2200	≤2400	≤3000
基价（元）				**158.94**	**212.36**	**281.81**
其中	人工费（元）			107.38	152.04	193.62
	材料费（元）			51.56	60.32	88.19
	机械费（元）			—	—	—
名称		**单位**	**单价(元)**	**消耗量**		
人工	综合工日	工日	140.00	0.767	1.086	1.383
材料	镀锌六角螺栓带螺母 M8×16～25	套	0.30	13.520	18.720	22.880
	角钢 60	kg	3.61	8.070	9.320	13.070
	六角螺母 M12～16	10个	1.71	—	—	0.424
	六角螺母 M6～10	10个	0.77	0.424	0.424	—
	膨胀螺栓 M10	10套	2.50	0.416	0.416	—
	膨胀螺栓 M12	套	0.73	—	—	4.160
	橡胶板	kg	2.91	0.400	0.533	0.630
	圆钢 φ10～14	kg	3.40	—	—	8.140
	圆钢 φ8～14	kg	3.40	4.510	5.160	—
	其他材料费占材料费	%	—	1.000	1.000	1.000

工作内容：吊托支架制作安装、组对、安装、找正、找平、制垫、上螺栓、固定。　　　　计量单位：节

定额编号				A7-3-190	A7-3-191
项目名称				阻抗式消声器安装	
				周长(mm)	
				≤4000	≤5800
基价（元）				375.18	568.54
其中	人工费（元）			269.92	400.68
	材料费（元）			105.26	167.86
	机械费（元）			—	—
名称		单位	单价(元)	消耗量	
人工	综合工日	工日	140.00	1.928	2.862
材料	槽钢	kg	3.20	—	34.010
	镀锌六角螺栓带螺母 M8×16～25	套	0.30	29.120	39.520
	角钢 60	kg	3.61	16.010	—
	六角螺母 M12～16	10个	1.71	0.424	0.424
	膨胀螺栓 M12	套	0.73	4.160	4.160
	橡胶板	kg	2.91	0.840	1.810
	圆钢 Φ10～14	kg	3.40	9.260	10.730
	其他材料费占材料费	%	—	1.000	1.000

3.管式消声器安装

工作内容：吊托支架制作安装、组对、安装、找正、找平、制垫、上螺栓、固定。　　　　计量单位：节

定额编号				A7-3-192	A7-3-193	A7-3-194	A7-3-195
项目名称				管式消声器安装			
				周长(mm)			
				≤1280	≤2400	≤3200	≤4000
基价（元）				87.11	135.76	169.06	205.52
其中	人工费（元）			61.46	87.50	112.42	139.72
	材料费（元）			25.65	48.26	56.64	65.80
	机械费（元）			—	—	—	—
名称		单位	单价(元)	消耗量			
人工	综合工日	工日	140.00	0.439	0.625	0.803	0.998
材料	镀锌六角螺栓带螺母 M6×16～25	10套	1.71	1.248	—	—	—
	镀锌六角螺栓带螺母 M8×16～25	套	0.30	—	16.640	22.880	29.120
	角钢 60	kg	3.61	3.460	7.140	7.550	9.320
	六角螺母 M12～16	10个	1.71	—	0.424	0.424	0.424
	六角螺母 M6～10	10个	0.77	0.424	—	—	—
	膨胀螺栓 M10	10套	2.50	—	0.416	0.416	0.416
	膨胀螺栓 M8	套	0.25	4.160	—	—	—
	橡胶板	kg	2.91	0.310	0.720	0.910	1.190
	圆钢 φ8～14	kg	3.40	2.500	3.870	5.160	5.160
	其他材料费占材料费	%	—	1.000	1.000	1.000	1.000

4. 消声弯头安装

工作内容：招标高、起吊、对口、找正、找平、制垫、加垫、上螺栓、固定。　　计量单位：个

定额编号				A7-3-196	A7-3-197	A7-3-198	A7-3-199
项目名称				消声弯头安装			
				周长(mm)			
				≤800	≤1200	≤1800	≤2400
基价（元）				63.16	73.04	83.12	162.81
其中	人工费（元）			38.78	46.76	54.46	110.18
	材料费（元）			24.38	26.28	28.66	52.63
	机械费（元）			—	—	—	—
名称		单位	单价(元)	消耗量			
人工	综合工日	工日	140.00	0.277	0.334	0.389	0.787
材料	镀锌六角螺栓带螺母 M6×16～25	10套	1.71	0.832	1.040	1.352	—
	镀锌六角螺栓带螺母 M8×30～60	10套	3.42	—	—	—	1.768
	角钢 60	kg	3.61	3.390	3.770	4.180	7.720
	六角螺母 M10	10个	0.85	—	—	—	0.424
	六角螺母 M6～10	10个	0.77	0.424	0.424	0.424	—
	膨胀螺栓 M10	10套	2.50	—	—	—	0.416
	膨胀螺栓 M8	10套	2.50	0.416	0.416	0.416	—
	橡胶板	kg	2.91	0.210	0.262	0.381	0.501
	圆钢(综合)	kg	3.40	2.500	2.500	2.500	4.510
	其他材料费占材料费	%	—	1.000	1.000	1.000	1.000

工作内容：招标高、起吊、对口、找正、找平、制垫、加垫、上螺栓、固定。　　计量单位：个

定额编号				A7-3-200	A7-3-201	A7-3-202	A7-3-203
项目名称				消声弯头安装			
				周长(mm)			
				≤3200	≤4000	≤6000	≤7200
基价（元）				199.53	252.16	426.85	505.99
其中	人工费（元）			137.20	158.06	274.26	329.14
	材料费（元）			62.33	94.10	152.59	176.85
	机械费（元）			—	—	—	—
名称		单位	单价(元)	消耗量			
人工	综合工日	工日	140.00	0.980	1.129	1.959	2.351
材料	槽钢	kg	3.20	—	—	31.400	36.850
	镀锌六角螺母 M12	10个	0.85	—	4.240	—	—
	镀锌六角螺栓带螺母 M8×30～60	10套	3.42	2.288	2.912	3.952	5.304
	角钢 60	kg	3.61	9.120	13.520	—	—
	六角螺母 M10	10个	0.85	0.424	—	—	—
	六角螺母 M12～16	10个	1.71	—	—	0.424	0.424
	膨胀螺栓 M10	10套	2.50	0.416	—	—	—
	膨胀螺栓 M12	套	0.73	—	4.160	4.160	4.160
	橡胶板	kg	2.91	0.695	0.882	1.495	2.168
	圆钢 φ10～14	kg	3.40	—	7.410	8.520	8.520
	圆钢(综合)	kg	3.40	5.160	—	—	—
	其他材料费占材料费	%	—	1.000	1.000	1.000	1.000

十五、消声静压箱安装

工作内容：吊装、组对、制垫、加垫、找平、找正、紧固固定。 计量单位：个

定额编号				A7-3-204	A7-3-205	A7-3-206
项目名称				消声静压箱安装		
				展开面积(m²)		
				≤5	≤10	≤20
基价（元）				342.23	455.95	644.41
其中	人工费（元）			180.46	198.10	231.14
	材料费（元）			157.00	250.54	405.45
	机械费（元）			4.77	7.31	7.82
名称		单位	单价(元)	消耗量		
人工	综合工日	工日	140.00	1.289	1.415	1.651
材料	六角螺栓带螺母 M8×75	10套	4.27	17.689	28.227	45.681
	耐酸橡胶板 δ3	kg	17.99	4.442	7.089	11.472
	其他材料费占材料费	%	—	1.000	1.000	1.000
机械	立式钻床 35mm	台班	10.59	0.450	0.690	0.738

十六、静压箱制作、安装

工作内容：制作：放样、下料、折方、咬口、开孔、制作箱体、出口短管及加固框、铆铆钉、嵌缝、焊锡；安装：招标高、挂葫芦、吊装、找平、找正、固定。　计量单位：10m²

定额编号				A7-3-207
项目名称				静压箱
基价（元）				1142.73
其中	人工费（元）			796.88
	材料费（元）			304.27
	机械费（元）			41.58
名称		单位	单价（元）	消耗量
人工	综合工日	工日	140.00	5.692
材料	镀锌薄钢板 δ1.0	m²	—	(11.490)
	白布	m²	5.64	0.200
	白绸	m²	17.09	0.200
	镀锌铆钉 M4	kg	4.70	0.100
	角钢 60	kg	3.61	43.530
	聚氯乙烯薄膜	kg	15.52	0.070
	密封胶	kg	19.66	2.600
	塑料打包带	kg	19.66	0.100
	洗涤剂	kg	10.93	7.770
	其他材料费占材料费	%	—	1.000
机械	剪板机 6.3×2000mm	台班	243.71	0.100
	交流弧焊机 21kV·A	台班	57.35	0.300

十七、人防排气阀门安装

工作内容：开箱检查、除污锈、固定、紧螺栓、试动、涂防腐油。　　计量单位：个

定额编号				A7-3-208	A7-3-209
项目名称				YF型自动防爆排气阀门	
				直径200(mm)	
				密闭套管制作、安装	阀安装
基价（元）				69.63	187.56
其中	人工费（元）			40.46	108.50
	材料费（元）			24.01	74.83
	机械费（元）			5.16	4.23
名称		单位	单价(元)	消耗量	
人工	综合工日	工日	140.00	0.289	0.775
材料	排气阀门	个	—	—	(1.000)
	扁钢	kg	3.40	1.190	—
	低碳钢焊条	kg	6.84	0.220	0.230
	黄干油	kg	5.15	—	0.600
	角钢 60	kg	3.61	—	2.100
	六角螺栓带螺母 M10×75	10套	5.13	—	0.600
	热轧薄钢板 δ2.0～2.5	kg	3.93	4.560	6.570
	石棉绒	kg	0.85	—	5.110
	石棉橡胶板	kg	9.40	—	0.850
	水泥 42.5级	kg	0.33	—	11.900
	氧气	m³	3.63	0.040	—
	乙炔气	kg	10.45	0.015	—
	油麻	kg	6.84	—	2.440
	其他材料费占材料费	%	—	1.000	1.000
机械	法兰卷圆机 L40×4	台班	33.27	—	0.020
	交流弧焊机 21kV·A	台班	57.35	0.090	0.060
	台式钻床 16mm	台班	4.07	—	0.030

工作内容：开箱检查、除污锈、固定、紧螺栓、试动、涂防腐油。 计量单位：个

定额编号				A7-3-210	A7-3-211
项目名称				超压排气阀门	
				直径250(mm)	
				密闭套管制作、安装	阀安装
基价（元）				70.75	240.18
其中	人工费（元）			40.46	124.04
	材料费（元）			25.13	111.91
	机械费（元）			5.16	4.23
名称		单位	单价(元)	消耗量	
人工	综合工日	工日	140.00	0.289	0.886
材料	排气阀门	个	—	—	(1.000)
	扁钢	kg	3.40	1.230	2.900
	低碳钢焊条	kg	6.84	0.230	0.240
	黄干油	kg	5.15	—	0.700
	六角螺栓带螺母 M10×75	10套	5.13	—	1.200
	热轧薄钢板 δ2.0～2.5	kg	3.93	4.790	8.470
	石棉绒	kg	0.85	—	8.090
	石棉橡胶板	kg	9.40	—	1.780
	水泥 42.5级	kg	0.33	—	18.900
	氧气	m^3	3.63	0.040	—
	乙炔气	kg	10.45	0.015	—
	油麻	kg	6.84	—	3.860
	其他材料费占材料费	%	—	1.000	1.000
机械	法兰卷圆机 L40×4	台班	33.27	—	0.020
	交流弧焊机 21kV·A	台班	57.35	0.090	0.060
	台式钻床 16mm	台班	4.07	—	0.030

工作内容：开箱检查、除污锈、固定、紧螺栓、试动、涂防腐油。　　　　计量单位：个

定额编号				A7-3-212	A7-3-213
项目名称				FCS防爆超压排气阀门	
				直径250(mm)	
				密闭套管制作、安装	阀安装
基价（元）				151.11	302.64
其中	人工费（元）			71.82	115.08
	材料费（元）			74.13	159.82
	机械费（元）			5.16	27.74
名称		单位	单价(元)	消耗量	
人工	综合工日	工日	140.00	0.513	0.822
材料	排气阀门	个	—	—	(1.000)
	扁钢	kg	3.40	1.310	1.430
	低碳钢焊条	kg	6.84	0.200	0.080
	焊接钢管 DN250	m	165.81	—	0.480
	焊接钢管 DN300	m	212.82	0.310	—
	黄干油	kg	5.15	—	0.700
	六角螺栓带螺母 M10×75	10套	5.13	—	0.800
	石棉绒	kg	0.85	—	8.090
	石棉橡胶板	kg	9.40	—	2.630
	水泥 42.5级	kg	0.33	—	18.900
	氧气	m³	3.63	0.210	0.170
	乙炔气	kg	10.45	0.080	0.065
	油麻	kg	6.84	—	3.860
	其他材料费占材料费	%	—	1.000	1.000
机械	法兰卷圆机 L40×4	台班	33.27	—	0.020
	交流弧焊机 21kV·A	台班	57.35	0.090	0.470
	台式钻床 16mm	台班	4.07	—	0.030

十八、人防手动密闭阀门安装

工作内容：开箱检查、除污锈、制法兰、定位、对口、校正、紧螺栓、试动、涂防腐油。 计量单位：个

定额编号				A7-3-214	A7-3-215	A7-3-216	A7-3-217
项目名称				手动密闭阀门安装			
				直径(mm)			
				≤200	≤300	≤400	≤500
基价（元）				202.37	272.91	398.84	499.23
其中	人工费（元）			127.26	171.22	257.32	283.36
	材料费（元）			20.40	29.73	53.45	87.93
	机械费（元）			54.71	71.96	88.07	127.94
名称		单位	单价(元)	消耗量			
人工	综合工日	工日	140.00	0.909	1.223	1.838	2.024
材料	手动密闭阀门	个	—	(1.000)	(1.000)	(1.000)	(1.000)
	扁钢	kg	3.40	2.420	4.140	8.440	16.680
	低碳钢焊条	kg	6.84	0.380	0.520	0.710	0.920
	黄干油	kg	5.15	0.600	0.800	1.200	1.600
	六角螺栓带螺母 M12×75	10套	8.55	—	0.019	0.025	0.025
	六角螺栓带螺母 M8×75	10套	4.27	0.017	—	—	—
	石棉橡胶板	kg	9.40	0.660	0.800	1.380	1.660
	其他材料费占材料费	%	—	1.000	1.000	1.000	1.000
机械	交流弧焊机 21kV·A	台班	57.35	0.430	0.640	0.790	0.880
	立式钻床 50mm	台班	19.84	0.240	0.290	0.350	0.400
	普通车床 400×1000mm	台班	210.71	0.120	0.140	0.170	0.330

工作内容：开箱检查、除污锈、制法兰、定位、对口、校正、紧螺栓、试动、涂防腐油。 计量单位：个

定额编号				A7-3-218	A7-3-219	A7-3-220
项目名称				手动密闭阀门安装		
				直径(mm)		
				≤600	≤800	≤1000
基价（元）				575.78	862.27	1051.69
其中	人工费（元）			333.76	459.76	562.38
	材料费（元）			100.43	200.31	245.96
	机械费（元）			141.59	202.20	243.35
名称		单位	单价(元)	消耗量		
人工	综合工日	工日	140.00	2.384	3.284	4.017
材料	手动密闭阀门	个	—	(1.000)	(1.000)	(1.000)
	扁钢	kg	3.40	19.260	29.220	35.680
	低碳钢焊条	kg	6.84	1.060	1.320	1.580
	黄干油	kg	5.15	2.000	2.400	2.800
	六角螺栓带螺母 M12×75	10套	8.55	0.027	—	—
	六角螺栓带螺母 M16×61～80	10套	17.09	—	3.264	4.080
	石棉橡胶板	kg	9.40	1.720	2.320	2.900
	其他材料费占材料费	%	—	1.000	1.000	1.000
机械	交流弧焊机 21kV·A	台班	57.35	1.010	1.730	2.090
	立式钻床 50mm	台班	19.84	0.500	0.730	1.020
	普通车床 400×1000mm	台班	210.71	0.350	0.420	0.490

十九、人防其他部件制作、安装

1. 人防通风机安装

工作内容：开箱检查设备、附件、底座螺栓、吊装、找平、找正、加垫、灌浆、螺栓固定。

计量单位：台

定额编号				A7-3-221	A7-3-222
项目名称				手摇、电动	脚踏、电动
				两用风机	
基价（元）				97.90	127.01
其中	人工费（元）			96.04	124.74
	材料费（元）			1.86	2.27
	机械费（元）			—	—
名称		单位	单价(元)	消耗量	
人工	综合工日	工日	140.00	0.686	0.891
材料	水	m³	7.96	0.002	0.002
	水泥 42.5级	kg	0.33	2.980	3.580
	碎石 0.5～3.2	kg	0.01	12.000	15.000
	中(粗)砂	kg	0.09	8.000	10.000
	其他材料费占材料费	%	—	1.000	1.000

2. 防护设备安装

(1) LWP型滤尘器安装

工作内容：放样、下料、制作框架零件、油槽、封板、浸油、找平、稳固、包边、抹腻子。

计量单位：m²

定额编号				A7-3-223	A7-3-224	A7-3-225	A7-3-226
项目名称				LWP型滤尘器安装			
				立式	人字式	卧式	匣式
基价（元）				216.84	351.90	370.83	757.91
其中	人工费（元）			115.78	166.60	201.74	525.14
	材料费（元）			99.79	184.04	167.58	224.55
	机械费（元）			1.27	1.26	1.51	8.22
名称		单位	单价(元)	消耗量			
人工	综合工日	工日	140.00	0.827	1.190	1.441	3.751
材料	半圆头螺栓带螺母 M5×15	10套	0.32	—	—	3.900	—
	扁钢	kg	3.40	3.330	1.370	3.420	2.600
	低碳钢焊条	kg	6.84	0.150	—	—	—
	锭子油	kg	4.00	2.500	2.500	2.500	—
	角钢 60	kg	3.61	12.600	—	16.000	47.770
	角钢 63	kg	3.61	4.260	8.500	—	—
	六角螺栓带螺母 M10×75	10套	5.13	0.008	0.005	—	0.002
	六角螺栓带螺母 M6×75	10套	1.71	—	0.021	—	—
	热轧薄钢板 δ1.0～1.5	kg	3.93	3.700	12.950	21.700	—
	热轧薄钢板 δ2.0～2.5	kg	3.93	—	21.170	—	—
	热轧薄钢板 δ2.6～3.2	kg	3.93	—	—	—	9.200
	石油沥青油毡 350号	m²	2.70	0.250	0.660	—	—
	铁铆钉	kg	4.70	0.070	0.200	—	0.380
	橡胶板	kg	2.91	—	—	—	0.090
	圆钢 φ10～14	kg	3.40	—	—	—	0.830
	其他材料费占材料费	%	—	1.000	1.000	1.000	1.000
机械	交流弧焊机 21kV·A	台班	57.35	0.010	—	—	0.110
	台式钻床 16mm	台班	4.07	0.170	0.310	0.370	0.470

(2)毒气报警器安装

工作内容：放样、下料、制作框架零件、浸油、安装、找正、找平、固定、开箱检查、除污锈、上螺栓。

计量单位：台

定额编号				A7-3-227	A7-3-228
项目名称				探头式含磷毒气报警器	γ射线报警器
基价（元）				106.10	56.69
其中	人工费（元）			55.44	30.66
	材料费（元）			49.31	23.16
	机械费（元）			1.35	2.87
名称		单位	单价(元)	消耗量	
人工	综合工日	工日	140.00	0.396	0.219
材料	低碳钢焊条	kg	6.84	0.050	0.120
	钢板 δ4.5～7	kg	3.18	—	0.530
	焊接钢管 DN100	m	29.68	—	0.170
	焊接钢管 DN65	m	18.16	—	0.500
	合页	副	0.72	2.000	—
	角钢 60	kg	3.61	5.640	—
	六角螺栓带螺母 M12×75	10套	8.55	0.004	—
	热轧厚钢板 δ8.0～15	kg	3.20	6.030	—
	氧气	m^3	3.63	0.210	0.180
	乙炔气	kg	10.45	0.630	0.540
	其他材料费占材料费	%	—	1.000	1.000
机械	交流弧焊机 21kV·A	台班	57.35	0.020	0.050
	台式钻床 16mm	台班	4.07	0.050	—

(3)过滤吸收器、预滤器、除湿器安装

工作内容：开箱检查、基础面处理、测量、吊装就位、上垫铁、找正、找平、紧固地脚螺栓、垫铁点焊、现场清理、挂牌、标色、单机试运转。

计量单位：台

定额编号				A7-3-229	A7-3-230	A7-3-231	A7-3-232
项目名称				过滤吸收器			
				61-300	81-300	61-500	77-500
基价（元）				181.08	186.87	159.93	183.72
其中	人工费（元）			102.62	82.32	102.62	102.62
	材料费（元）			59.92	86.01	38.77	62.56
	机械费（元）			18.54	18.54	18.54	18.54
名称		单位	单价(元)	消耗量			
人工	综合工日	工日	140.00	0.733	0.588	0.733	0.733
材料	柔性接头 D156	个	—	—	—	(1.000)	—
	橡胶短接管 D150	个	—	—	(2.000)	—	—
	低碳钢焊条	kg	6.84	0.240	—	0.230	0.240
	角钢 60	kg	3.61	3.800	—	3.600	3.800
	连接箍 δ150	个	19.72	—	4.000	—	—
	硼砂	kg	2.68	0.014	0.014	0.014	0.014
	柔性接头 D200	套	20.15	2.000	—	1.000	2.000
	橡皮管 Φ10	m	15.60	—	0.200	—	0.200
	橡皮管 Φ6	m	2.56	0.200	—	0.200	—
	氧气	m³	3.63	0.024	0.024	0.024	0.024
	乙炔气	kg	10.45	0.009	0.009	0.009	0.009
	银铜焊丝	kg	136.75	0.006	0.006	0.006	0.006
	紫铜管 Φ4～13	kg	52.99	0.040	0.040	0.040	0.040
	其他材料费占材料费	%	—	1.000	1.000	1.000	1.000
机械	法兰卷圆机 L40×4	台班	33.27	0.130	0.130	0.130	0.130
	交流弧焊机 21kV·A	台班	57.35	0.240	0.240	0.240	0.240
	台式钻床 16mm	台班	4.07	0.110	0.110	0.110	0.110

工作内容：开箱检查、基础面处理、测量、吊装就位、上垫铁、找正、找平、紧固地脚螺栓、垫铁点焊、现场清理、挂牌、标色、单机试运转。
计量单位：台

定额编号				A7-3-233	A7-3-234
项目名称				预滤器	除湿器
基价（元）				179.43	446.82
其中	人工费（元）			102.62	418.46
	材料费（元）			58.27	6.80
	机械费（元）			18.54	21.56
名称		单位	单价(元)	消耗量	
人工	综合工日	工日	140.00	0.733	2.989
材料	角钢 60	kg	3.61	3.800	—
	煤油	kg	3.73	—	1.000
	棉纱头	kg	6.00	—	0.500
	硼砂	kg	2.68	0.014	—
	柔性接头 D200	套	20.15	2.000	—
	橡皮管 φ6	m	2.56	0.200	—
	氧气	m^3	3.63	0.024	—
	乙炔气	kg	10.45	0.009	—
	银铜焊丝	kg	136.75	0.006	—
	紫铜管 φ4～13	kg	52.99	0.040	—
	其他材料费占材料费	%	—	1.000	1.000
机械	电动单筒慢速卷扬机 50kN	台班	215.57	—	0.100
	法兰卷圆机 L40×4	台班	33.27	0.130	—
	交流弧焊机 21kV·A	台班	57.35	0.240	—
	台式钻床 16mm	台班	4.07	0.110	—

(4)密闭穿墙管制作、安装

工作内容：放样、下料、卷圆、制直管、密闭肋。 计量单位：个

定额编号				A7-3-235	A7-3-236	A7-3-237
项目名称				密闭穿墙管制作安装		
				Ⅰ型直径(mm)		
				≤315	≤666	≤1242
基价（元）				90.61	166.59	306.45
其中	人工费（元）			41.86	69.30	120.12
	材料费（元）			39.96	84.49	156.71
	机械费（元）			8.79	12.80	29.62
名称		单位	单价(元)	消耗量		
人工	综合工日	工日	140.00	0.299	0.495	0.858
材料	扁钢	kg	3.40	1.210	2.570	4.790
	低碳钢焊条	kg	6.84	0.270	0.570	0.940
	热轧薄钢板 δ2.0～2.5	kg	3.93	8.550	18.070	33.700
	其他材料费占材料费	%	—	1.000	1.000	1.000
机械	剪板机 6.3×2000mm	台班	243.71	0.020	0.020	0.040
	交流弧焊机 21kV·A	台班	57.35	0.060	0.130	0.330
	卷板机 2×1600mm	台班	236.04	0.002	0.002	0.004

工作内容：放样、下料、卷圆、制直管、密闭肋。 计量单位：个

定额编号				A7-3-238
项目名称				密闭穿墙管制作安装
				Ⅱ型直径(mm)
				≤20
基价（元）				45.40
其中	人工费（元）			22.82
	材料费（元）			18.57
	机械费（元）			4.01
名称		单位	单价(元)	消耗量
人工	综合工日	工日	140.00	0.163
材料	低碳钢焊条	kg	6.84	0.010
	镀锌钢管 DN20	m	7.00	0.520
	镀锌弯头 DN20	个	1.79	1.000
	钢板 δ4.5～7	kg	3.18	0.200
	螺纹截止阀 J11T-16 DN20	个	12.00	1.000
	氧气	m^3	3.63	0.040
	乙炔气	kg	10.45	0.010
	其他材料费占材料费	%	—	1.000
机械	交流弧焊机 21kV·A	台班	57.35	0.070

工作内容：放样、下料、卷圆、制直管、密闭肋。　　计量单位：个

定额编号				A7-3-239	A7-3-240	A7-3-241
项目名称				密闭穿墙管制作安装		
				Ⅲ型直径(mm)		
				≤349	≤700	≤1276
基价（元）				74.11	124.28	216.20
其中	人工费（元）			39.20	60.06	99.26
	材料费（元）			29.56	58.87	106.25
	机械费（元）			5.35	5.35	10.69
名称		单位	单价(元)	消耗量		
人工	综合工日	工日	140.00	0.280	0.429	0.709
材料	扁钢	kg	3.40	1.500	2.860	5.070
	低碳钢焊条	kg	6.84	0.270	0.550	0.920
	热轧薄钢板 δ2.0～2.5	kg	3.93	5.680	11.400	20.780
	其他材料费占材料费	%	—	1.000	1.000	1.000
机械	剪板机 6.3×2000mm	台班	243.71	0.020	0.020	0.040
	卷板机 2×1600mm	台班	236.04	0.002	0.002	0.004

(5)密闭穿墙管填塞

工作内容：清理、放置钢筋、填填料。　　　　计量单位：个

定额编号				A7-3-242	A7-3-243	A7-3-244
项目名称				公称直径(mm)		
				≤349	≤700	≤1276
基价（元）				**70.37**	**103.98**	**145.25**
其中	人工费（元）			58.10	79.10	99.82
	材料费（元）			12.27	24.88	45.43
	机械费（元）			—	—	—
名称		**单位**	**单价(元)**	**消耗量**		
人工	综合工日	工日	140.00	0.415	0.565	0.713
材料	镀锌圆钢 φ10～14	kg	3.33	0.990	2.010	3.650
	黄干油	kg	5.15	0.590	1.200	2.190
	油麻	kg	6.84	0.850	1.720	3.150
	其他材料费占材料费	%	—	1.000	1.000	1.000

(6)测压装置安装

工作内容：测压板制作安装、测压装置安装。　　　　计量单位：套

定额编号				A7-3-245
项目名称				测压装置
基价（元）				185.74
其中	人工费（元）			173.18
	材料费（元）			12.56
	机械费（元）			—
名称		单位	单价(元)	消耗量
人工	综合工日	工日	140.00	1.237
材料	测压装置	套	—	(1.000)
	板方材	m³	1800.00	0.006
	熟桐油	kg	13.21	0.120
	圆钉 φ5以内	kg	5.13	0.010
	其他材料费占材料费	%	—	1.000

(7)换气堵头安装

工作内容：堵头安装　　　　　　　　　　　　　　　　　　　　　　　　　　计量单位：个

定额编号				A7-3-246
项目名称				换气堵头安装D315
基价（元）				93.67
其中	人工费（元）			33.32
	材料费（元）			60.35
	机械费（元）			—
名称		单位	单价(元)	消耗量
人工	综合工日	工日	140.00	0.238
材料	换气堵头	个	—	(1.000)
	六角螺栓带螺母 M22×90～120	10套	45.30	1.236
	石棉橡胶板	kg	9.40	0.400
	其他材料费占材料费	%	—	1.000

(8)波导窗安装

工作内容：找正、找平、固定。　　　　计量单位：个

定　额　编　号				A7-3-247
项　目　名　称				波导窗
基　　价（元）				11.58
其中	人　工　费（元）			11.06
	材　料　费（元）			0.52
	机　械　费（元）			—
名　　称		单位	单价(元)	消　　耗　　量
人工	综合工日	工日	140.00	0.079
材料	波导窗	个	—	(1.000)
	带帽六角螺栓 M2～5×4～20	10套	0.85	0.600
	其他材料费占材料费	%	—	1.000

附　录

附录一　主要材料损耗率表

表1　风管、部件板材损耗率表

序号	项　目	损耗率（%）	附注	序号	项　目	损耗率（%）	附注
钢板部分				塑料部分			
1	咬口通风管道	13.80	综合厚度	25	塑料圆形风管	16.00	综合厚度
2	焊接通风管道	8.00	综合厚度	26	塑料矩形风管	16.00	综合厚度
3	共板法兰通风管道	18.00	综合厚度	27	槽边侧吸罩、风罩调节阀	22.00	综合厚度
4	圆伞形风帽	28.00	综合厚度	28	整体槽边侧吸罩	22.00	综合厚度
5	锥形风帽	26.00	综合厚度	29	条缝槽边抽风罩(各型)	22.00	综合厚度
6	筒形风帽	14.00	综合厚度	30	塑料风帽(各种类型)	22.00	综合厚度
7	筒形风帽滴水盘	35.00	综合厚度	31	空气分布器类	22.00	综合厚度
8	筒形风帽滴水盘	42.00	综合厚度	32	直片式散流器	22.00	综合厚度
9	风帽筝绳	4.00	综合厚度	33	柔性接口及伸缩节	16.00	综合厚度
10	升降式排气罩	18.00	综合厚度	净化部分			
11	上吸式侧吸罩	21.00	综合厚度	34	净化风管	14.90	综合厚度
12	下吸式侧吸罩	22.00	综合厚度	不锈钢板部分			
13	上、下吸式圆形回转罩	22.00	综合厚度	35	不锈钢板通风管道	10.00	综合厚度
14	手锻炉排气罩	10.00	综合厚度	36	不锈钢板圆形法兰	1.00	δ=4～10
15	升降式回转排气罩	18.00	综合厚度	铝板部分			
16	整体、分组、吹吸侧边侧吸罩	10.15	综合厚度	37	铝板通风管道	8.00	综合厚度

17	各型风罩调节阀	10.15	综合厚度	38	铝板圆形法兰	150.00	δ=4～12
18	皮带防护罩	18.00	综合厚度	玻 璃 钢 部 分			
19	皮带防护罩	9.35	综合厚度	39	玻璃钢通风管道	5.20	综合厚度
20	电动机防雨罩	33.00	δ=1～1.5	复 合 型 部 分			
21	电动机防雨罩	10.60	δ=4 以外	40	圆形复合型风管	16.00	综合厚度
22	中、小型零件焊接工作台排气罩	21.00	综合厚度	41	矩形复合型风管	18.00	综合厚度
23	泥心烘炉排气罩	12.50	综合厚度				
24	设备支架	4.00	综合厚度				

表 2　型钢及其他材料损耗率表

序号	项　目	损耗率（%）	序号	项　目	损耗率（%）
1	型钢	4.0	18	玻璃棉、毛毡	5.0
2	安装用螺栓(M12 以下)	4.0	19	泡沫塑料	5.0
3	安装用螺栓(M12 以上)	2.0	20	方木	5.0
4	螺母	6.0	21	玻璃丝布	15.0
5	垫圈(φ12 以下)	6.0	22	矿棉、卡普隆纤维	5.0
6	自攻螺钉、木螺钉	4.0	23	泡钉、鞋钉、圆钉	10.0
7	铆钉	10.0	24	胶液	5.0
8	开口销	6.0	25	油毡	10.0
9	橡胶板	15.0	26	铁丝	1.0
10	石棉橡胶板	15.0	27	混凝土	5.0
11	石棉板	15.0	28	塑料焊条(编网格用)	25.0
12	氧气	10.0	29	不锈钢型材	4.0
13	乙炔气	10.0	30	不锈钢带母螺栓	4.0

14	管材	4.0		31	不锈钢铆钉	10.0
15	镀锌铁丝网	20.0		32	铝型材	4.0
16	帆布	15.0		33	铝带母螺栓	4.0
17	玻璃板	20.0		34	铝铆钉	10.0

附录二　风管、部件参数表

1．每单片导流片的近似面积见表1矩形弯管内每单片导流片面积表。

2．在计算风管长度时，应扣除的长度见表2通风部件长度表。

表1　矩形弯管内每单片导流片面积表

规格 B(mm)	200	250	320	400	500	630	800	1000	1250	1600	2000
面积 (m^2)	0.075	0.091	0.114	0.14	0.17	0.216	0.273	0.425	0.502	0.623	0.755

注:B为风管的高度。

表2　风管部件长度表

单位:mm

项目	蝶阀	止回阀	密闭式对开多叶调节阀	圆形风管防火阀	矩形风管防火阀
长度L	150	300	210	一般为300～380	一般为300～380

项目	密闭式斜插板阀															
直径D	80	85	90	95	100	105	110	115	120	125	130	135	140	145	150	155
长度L	280	285	290	300	305	310	315	320	325	330	335	340	345	350	355	360
直径D	160	165	170	175	180	185	190	195	200	205	210	215	220	225	230	235
长度L	365	365	370	375	380	385	390	395	400	405	410	415	420	425	430	435
直径D	240	245	250	255	260	265	270	275	280	285	290	300	310	320	330	340
长度L	440	445	450	455	460	465	470	475	480	485	490	500	510	520	530	540